MUJERES DE CINE

ENRIQUE CHUVIECO (ed.)

MUJERES DE CINE

La mirada de 10 directoras españolas

EDICIONES RIALP, S. A.
MADRID

Preimpresión: MT Color & Diseño, S. L.

ISBN: 978-84-321-4451-6
Depósito legal: M-26.969-2014

Impreso en España *Printed in Spain*

Gohegraf, S. L., Casarrubuelos (Madrid)

Índice

Mujeres directoras de cine

William Blake dejó escrito que la mujer es obra directa de Dios. Hago mía esta apreciación. Vivimos un periodo de transición humana, donde el varón ha tenido que deponer las armas viriles por miedo a los misiles, la fuerza muscular por las máquinas y, por último, después de dos guerras mundiales, deponer también la patética autoafirmación de ser eje del universo y admitir sin nebulosas ni enigmas que la mujer fue, es y será un ser superior por decreto de la naturaleza.

En mi ancianidad, no puedo sino apreciar que el hombre se difumina década a década en su travesía del desierto, en busca de su nuevo lugar en el mundo.

Al tiempo que la mujer, siempre en el claroscuro del poder, ha decidido emerger con radiante esplendor y manifestar su eterna pujanza, haciéndose merecidamente con los mandos del devenir histórico. Alguien dijo que el hombre desea ser mujer; esperemos que solo sea un porcentaje asumible. El maestro Luis García Berlanga, en un rasgo de humor, decía de sí mismo que le gustaría haber sido lesbiana, tan alta era su fascinación por el enigma llamado mujer. Disculpen los lectores este preámbulo del prólogo, pero no he podido evitar este golpe de sangre en alabanza de la mujer, «vademécum» del misterio humano.

Pasemos al exhaustivo cuestionario que Enrique Chuvieco ha presentado a diez directoras españolas. Leyendo sus respuestas, podemos intuir que nos encontramos ante una generación de directoras con un futuro esperanzador. Apreciamos que todas ellas tienen un perfil similar de capacitación. Valoramos primero su vocación, honda y sincera, luego, su deseo de que sus películas sirvan para hacer posible un mundo más social humano y habitable.

Todas las directoras muestran una visión poliédrica de la creatividad. Pienso que el director masculino generalmente no alcanza los matices sutiles de los que una mujer cineasta es capaz. Ellas realizan un viaje iniciático de gran valor anímico —maternidad, lactancia, entrega a la prole, protección asumida de los mayores— lo que las facilita su integración en el absoluto humano. Nada le es ajeno a la mirada femenina: sentimiento y dolor, alegría y tristeza, surgen espontáneamente en la directora de cine. Una anécdota puede servir de ejemplo, de la sensibilidad tan sentida, que la mujer suele aportar a sus creaciones. Ana Mariscal, directora de *Segundo López, un aventurero urbano*, rodada en 1953, y que es para mí una de las películas más significativas del cine español, me contó, con la emoción que conlleva el recuerdo, que la dijeron —cuando era una niña de once años con calcetines— que llevara un encargo a la casa de García Lorca en la Calle Alcalá. Le abrió la puerta el mismísimo Federico, que vestía bata y zapatillas. Lorca y Ana Mariscal charlaron, se sintieron amigos y acabaron jugando al escondite. Ana, preciosa con sus ojos azules y pelo rubio, se escondió debajo de una cama. Lorca la descubrió, se introdujo bajo la cama y la besó. Ana Mariscal me narró el suceso con profunda emotividad, a pesar de haber pasado cinco décadas. Dudo de que un varón tuviera sensibilidad suficiente para recordar los detalles y la emoción del momento.

Quiero señalar que, posiblemente, el gran cine siempre adquiere sentido cuando el actor hace creíble la película, y matizo aún más, en relación a la mujer. Considero a las grandes actrices, auténticas cineastas. Desde los comienzos, la génesis de la película nacía por y para la actriz, fuera Francesca Bertini o Mary Pickford. Lo mismo podemos decir del varón actor como Douglas Fairbanks. Si nos centramos en las actrices del sonoro, Greta Garbo es la película, su aura lo llenaba todo. Jean Harlow y Betty Davis conforman la creatividad y la razón de la película con su sola presencia, como tantas otras estrellas.

Resumiendo y centrándonos en España, Miguel Picazo tuvo el acierto de construir *La tía Tula* por y para Aurora Bautista, referente catalizador de toda la estructura dramática de la película. No volvió a brillar Picazo tanto como cuando confió plenamente en Aurora Bautista. Icíar Bollaín creó con Laia Marull el prodigio de emotividad que encierra *Te doy mis ojos*. En *La reina Isabel en persona*, confié en Isabel Ordaz la base y el pináculo de toda la película: no necesitaba más. Las sublimes Anna Magnani e Ingrid Bergman realizaron con su sola interpretación del texto de Jean Cocteau, dos películas que son referentes del cine de autor: *La voz humana*.

Las mujeres, desde el comienzo del cine, son creadoras incuestionables de películas que no olvidamos; el hecho de que estén al mismo tiempo detrás de la cámara es una circunstancia más que no invalida su aportación centenaria al cine.

He tenido claro siempre que los intérpretes son los que definen el resultado final de todo proyecto dramático. Pongo el ejemplo de *Hamlet*, la madre nutricia de todo proyecto narrativo. Pues bien, si *Hamlet* no es interpretado por actores capacitados, deviene en una patética pieza de arqueología. Recordemos el fracaso del *Hamlet* del gran Franco Zefirelli, cuando Mel Gibson naufragó interpretando al «Príncipe de la duda», como fracasaron otros muchos en el intento. Aún contando con todo los medios posibles y los mejores técnicos, nadie puede asegurar el resultado artístico de una película.

Termino haciendo un comentario sobre el aprendizaje en las escuelas de cine, pues todas o casi todas las directoras que aparecen han estudiado en ellas, especialmente en Estados Unidos. Grandes directores pasaron por escuelas de cine, por ejemplo, en España, la creadora Josefina Molina. Reconociendo lo útil que son para el primer encuentro con el mistérico mundo de la imagen, tengo la inquietud de que las escuelas ofrecen un mimetismo en la creatividad que puede clonar el viaje personal de cada alumno.

Charles Chaplin reconoce en sus memorias que el hizo todas sus películas conociendo tan solo una ley cinematográfica: «Cuando el personaje salga de cámara por la derecha en el plano, debe volver al plano por la izquierda». Supongo que el resto lo pone el talento.

En mi insistencia por focalizar la causa primigenia de la génesis de una película, me remito al divino Federico Fellini: «Hacía tiempo que quería hacer una película para Giulietta Masina; me parece una actriz singularmente dotada para expresar con espontaneidad los estupores, los sustos, las frenéticas alegrías y los cómicos berrinches de un payaso. Así, pues, se me presentó Gelsomina en el vestido de un payaso». Fellini tenía 34 años cuando rodó *La strada*, solo necesitó una furgoneta con un equipo reducido, y talento.

Un saludo final a Helena Cortesina (1904-1984), valenciana y bailarina clásica, que en 1921 dirige la película *Flor de España* o *La leyenda de un torero*, convirtiéndose en la primera mujer en dirigir cine en nuestro país y en conocer el fracaso, pues la película tardó dos años en estrenarse con escasa acogida en taquilla. Estamos en el mismo punto que en 1921: la ilusión realiza la película y la realidad hace que esta duerma el sueño eterno del artista en las filmotecas.

RAFAEL GORDON
Mayo de 2014

Nota del editor

Como afirma una de las participantes de este libro, no somos nada sin deseos. En el caso de este, partió de ese movimiento afectivo hacia algo que desconocía, aunque estaba latente, y que apareció como un imprevisto con el que me sacudió la realidad. Concretamente, me sucedió poco después de sacar un libro de la biblioteca municipal de mi barrio que reunía entrevistas con distintos directores (hombres) de cine, como Woody Allen, Martin Scorsese, Sidney Pollack y Pedro Almodóvar, entre otros. Su lectura me abrió a un placer insospechado, por la calidad y sinceridad de quienes exponían su relación cercana con el cine. Eran testimonios, más allá de los aspectos técnicos —que también—, en los que desvelaban cómo iniciaron sus primeros escarceos amorosos con el Séptimo Arte y cómo se fue entretejiendo su vida personal y profesional en un camino en el que certificaban —sin, tal vez, hacerlo expreso— una vocación artística que iba moldeando sus vidas.

Tras mi sorpresa inicial por la generosidad con la que estos creadores compartían su modo de mirar la vida detrás de la cámara en el que es el unificador de las artes (pintura, escultura, fotografía, música, teatro...) del siglo XX, me percaté de que necesitaba seguir descubriendo otras formas de observar la realidad desde ese prisma. Enseguida, caí en la cuenta que algo complementario continuaría este camino. Y nada hay más complementario y enriquecedor para el hombre que la mirada femenina, de la que quería también que fuera cercana. Así busqué libros sobre el tema que vertieran las opiniones de mujeres que hablaran español. En la investigación, se coló también en mi ánimo la necesidad de elaborar un libro que reuniera opiniones de directoras españolas de cine, cuestión que percibí más clara cuando comprobé —también comentándolo con el crítico y amigo Juan Orellana— que eran escasas las publicaciones editoriales con este perfil en nuestro mercado.

Así, en junio del pasado año pude acometer la labor de reunir las opiniones de mujeres españolas que acrecientan la «Fábrica de Sueños». En este sentido, llamé a distintas asociaciones, empecé a mandar correos electrónicos y a telefonear. Me respondieron unas cuantas, dándome su compromiso.

Aunque son todas las que están, no están todas las que son, a pesar de que pujé para conseguirlo. Pero compromisos, trabajos diversos, hechos dolorosos o negativas sin más, han impedido que fuera así.

Con todo, ha representado una experiencia gratificante, en la que he pagado, con el necesario sacrificio, el placer de acercarme al cine desde miradas de mujeres. Solo queda agradecérselo a ellas, a la que comparte mi vida conmigo y a Rafael Gordon, que siempre ha mostrado su admiración por la mujer, también en libros y en películas sobre Teresa de Jesús y Ouka Leele, pues, como dice, lleva casado cuarenta años con una, de la cual nacieron dos más, que a su vez le han hecho abuelo de otras.

Enrique Chuvieco
Mayo de 2014

ICÍAR BOLLAÍN

Nace en Madrid en 1967. Debuta en el cine como actriz a los 15 años de la mano de Víctor Erice con *El Sur* (1983) y desde entonces ha participado en más de una veintena de largometrajes, entre otros, *Malaventura*, de Manuel Gutiérrez Aragón; *Leo* y *Niño Nadie,* de José Luis Borau; *Tierra y Libertad*, de Ken Loach; *Mientras haya luz*, *El mejor de los tiempos*, *Un paraguas para tres* y *El techo del mundo*, de Felipe Vega; *Sublet*, de Chus Gutiérrez; *La balsa de piedra*, de George Sluizer; o, más recientemente, *Rabia*, de Sebastián Cordero.
Desde 1991, forma parte de la productora *La Iguana* con la que realiza varios cortometrajes así como sus primeros largometrajes: *Hola, ¿estás sola?* (1995). Obtiene diversos premios: Premio Mejor Nuevo Director en el Festival Internacional de Cine de Valladolid; *Flores de otro mundo* (1998) es premiada como Mejor Película de la Semana de la Critica del Festival Internacional de Cine de Cannes; *Te doy mis ojos* (2003) logra siete Premios Goya, entre ellos, Mejor Película, Mejor Director y Mejor Guion Original, y Premio Interpretación Femenina y Masculina en el Festival Internacional de Cine de San Sebastián; *Mataharis* (2007) es aplaudida en el Festival Internacional de Cine de San Sebastián; *También la lluvia* (2010) gana el Premio del Público en el Festival Internacional de Cine de Berlín; *Katmandú. Un espejo en el cielo* (2012), su sexto largometraje, será el primero que rueda en inglés.
Es también autora del libro *Ken Loach, un observador solidario*.
Es miembro fundador de la Asociación de Mujeres del Audiovisual (CIMA), y Doctora Honoris Causa en Letras 2013 por la Universidad de Roehampton, de Londres.

Empecé casualmente a hacer cine porque me escogió Víctor Erice a los quince años para hacer *El sur*. Después de aquella primera experiencia, seguí trabajando como actriz hasta que a los 23 años me entró la curiosidad de contar yo las historias y de participar activamente en ellas. Un grupo de cinco personas formamos una productora pequeña y empezamos a hacer cortos. Yo participaba en los de los demás, y aparte hacía los míos. Poco a poco encontré mi lugar, por lo que seguí haciendo las dos cosas. En definitiva, empecé por casualidad y, a partir de un determinado momento, el cine ha sido mi vida.

He aprendido muchísimo de los directores con los que he trabajado, tanto las cosas buenas como las malas, porque se aprende también mucho de lo que no te gusta. Con todo, he tenido una suerte enorme de trabajar con gente interesantísima, con una mirada propia y un cine muy personal, como Víctor Erice, Felipe Vega, Manuel Gutiérrez Aragón, José Luis Cuerda, Ken Loach, José

Luis Borau, entre otros. Ha sido un lujo y una escuela maravillosa, porque el actor, aunque esté delante de la cámara, está también en la cocina de la película: observa cómo elabora el director cada escena, cómo narra la historia. Además, yo siempre he tenido mucha curiosidad y confianza con los directores con los que he trabajado, a los que les pedía asistir al montaje. Participé en algunos de Borau, Gutiérrez Aragón y Loach. Yo iba allí, me quedaba calladita, miraba como trabajaban y aprendía muchísimo. De igual modo, mi formación ha ido creciendo con todo el cine europeo, el clásico de Hollywood y europeo, el de los ochenta y noventa, el de Huston...

Por otro lado, no soy muy mitómana, no tengo directores de culto, por lo que a veces me acuerdo de las películas y no del nombre de los directores, o me pasa también con una escena que no sé a qué película pertenece. Pero, eso sí, me inspiro en el modo de hacer de mucha gente.

Películas que aporten y emocionen

Mis películas nacen en mi cabeza a partir de una idea, de una imagen, de una conversación: empiezas a darle vueltas y va surgiendo la historia, porque comienzas a trabajarla. A la hora de hacerla, persigo contar algo que comunique y, por supuesto, que interese. Y dejarle algo al espectador para que desentrañe, ya que es quien ha pagado la entrada. Lo mismo que pido yo cuando voy al cine, pues me parece muy triste salir de ver una película y olvidarla a los diez minutos. Me gusta que me dejen alguna emoción o alguna reflexión. Si además de todo esto consigues llegar a mucha más gente y que se convierta en algo útil, mejor. Algunas de mis películas han logrado esa dimensión, no buscada a priori, y así sucede en *Te doy mis ojos*, que se sigue utilizando contra el maltrato de las mujeres. Incluso hay policías que me han dicho que la ven para aprender a relacionarse con las víctimas. Cuando la película adquiere esa dimensión, es una maravilla.

Por otro lado, el cine tiene también mucho de testimonio: por el mero hecho de estar rodado hoy es testigo de lo que está pasando en el mundo. Busco hacer historias que aporten algo a lo que está ocurriendo y, como dije antes, que interesen. Así el espectador no se aburre, que es la regla número uno en el cine. Además, procuro que mis películas sean una referencia más, como otras muchas, si alguien quiere mirar dentro de 30 años lo que ocurría en nuestra sociedad.

Con relación a los aspectos técnicos, tengo en cuenta todo, porque no se pueden separar en una película la fotografía, la puesta en escena, la estética o la música, por citar algunos aspectos: todo sirve a la hora de comunicar lo que quieres comunicar. Además, eso es lo bello de hacer películas puesto que, a diferencia de otras artes, tienes que trabajar colores, vestuario, actores, música, montaje, ritmo... Por ejemplo, *También la lluvia* fue interesantísima para todos desde el punto de vista creativo, porque había que inventar a los indígenas que encontró Colón, pues no existen fotos de ellos, ni retratos (los grabados son muy posteriores y están idealizados). Hay que inventar quién era esa gente y qué estética tenían (como hicieron Herzog en *Aguirre* o Saura con *El dorado*, todos hacemos versiones). La música de esta película fue también un trabajo precioso, así como el guion, de Paul Laverty: hay que contar con todos los elementos para filmar una historia.

El rodaje, maniobras militares

El trabajo de las películas es muy laborioso ya que se lleva a cabo durante muchos meses con conversaciones con mucha gente. El rodaje es solo una pequeña parte, pero hay un trabajo previo enorme. En una película como *También la lluvia* no puedes ir a rodarla sobre la marcha, porque tienes doscientos extras y producción tiene que organizarlo todo (alojamiento, comidas, vestuario, entre otros). Tienes que hacer el *storyboard* con el director de fotografía sobre el guion y decidir con él qué ángulos vas a coger con la cámara para comunicar mejor la idea. En definitiva, debes explicar qué y cómo vas a rodar. Es como una maniobra militar: está todo previsto. Por ejemplo, en un momento de *Te doy mis ojos*, ella se escapa de casa (vive en un barrio y se esconde en la ciudad amurallada, con callejas medievales, la catedral...) y él va a buscarla. Colocamos a los protagonistas con una puerta de rejas de por medio: ella está detrás, él se agarra y se ven únicamente las caras. Eso tiene un montón de connotaciones, que tienen que ver con las decisiones que has tomado previamente, porque puedes abordar esa conversación de muchas maneras. A nosotros se nos ocurrió rodarla en Toledo —una ciudad visualmente muy potente—, porque allí había una asociación que daba apoyo a mujeres maltratadas y estuvimos yendo mientras escribíamos el guion.

Vas eligiendo aquello que estimas que incide más en lo que quieres contar (esa historia puede pasar en Chamartín, Salamanca, Palencia, Japón y en mil sitios). Además, todas las personas involucradas en la parte artística de la película van añadiendo ideas en la misma línea.

Habitualmente trabajo con una cámara —tradicionalmente el cine se ha rodado así—, pero en *También la lluvia* filmamos con dos por una cuestión económica y de tiempo. A mí me resulta mejor rodar con una sola cámara, ya que me facilita el trabajo a la hora de iluminar una escena. Con dos, las luces se empiezan a cruzar, los ángulos se tuercen, y todo se convierte en algo más televisivo, pues los personajes no miran en eje. En fin, son estilos.

El montaje, la cocina de la película

Desde el primer día, elijo las tomas con el responsable. El montaje es como el trabajo en una cocina: tienes todos los ingredientes y empiezas a combinar. De igual modo, superviso todas las fases de la película: estoy en el *casting*, en la preparación, en el rodaje, en la sonorización, en el montaje y en la mezcla de sonido: no entiendo no estar encima de todo, porque creo que las cosas salen mejor si se cuidan y se abordan con criterio.

He rodado siempre con guiones propios, salvo en *También la lluvia,* que lo hice con uno espléndido de Paul Laverty: ¡un auténtico regalo! Además, cuando elaboras un guion ajeno lees cosas que tú no escribirías, con lo cual te llevan a lugares que tú no hubieras ido, y eso está muy bien.

En cuanto al lenguaje cinematográfico, creo que lo más importante es lo que quieras contar. Si lo tienes claro, ya encontrarás cómo hacerlo, porque cada peripecia que cuentas tiene su manera de ser abordada. No es lo mismo hacer *Gravity* que *La vida de Adèle,* tienen estilos diferentes. En este sentido, nunca he buscado un estilo, aunque me dicen que mis películas lo tienen. Yo intento contar las historias como creo que mejor se cuentan, por lo que no atiendo a mi estilo a la hora de rodarlas: eso lo dejo a los críticos y a los espectadores. Yo no lo sé, ni lo pienso, ni lo persigo a priori.

El cine se hace haciéndolo

Sin formación académica, he impartido clases de dirección de actores, de escritura creativa y un poco de todo. Dando clases, he aprendido a ordenar lo que sé hacer, cuestión que no me planteo en otras situaciones, porque las hago sin más. En cuanto a la formación cinematográfica en España, se propicia hacer cine, pero, en cualquier caso, para ser director de cine, hay que hacer cine: con un móvil o con una cámara de último modelo, la cuestión es contar historias. Otro aspecto interesante de las escuelas es que convives con un grupo de personas que tienen tú mismo interés: narrar historias, por lo que son un buen lugar para contactar, colaborar y hacer equipo durante el tiempo que estás allí, ya que el cine no se hace solo. Tú no eres director de cine en tu casa. Por eso, las escuelas son buenas para juntarte con otros y lograrlo, además de lo que puedas aprender teórica, técnicamente y rodando cortos. El lenguaje visual lo encuentras en el momento en el que te pones a contar historias, por lo que solo es necesario disponer de unos fundamentos técnicos.

Las películas se pueden hacer de mil maneras, no hay solo una. ¿Cuál es entonces la que vale?: la que va marcando el director. Coges un guion y cinco directores diferentes te hacen cinco películas distintas. Hay también muchos estilos de interpretación. Por ejemplo, Bressons hacía que los actores pusieran caras inexpresivas, mientras que son todo gestos en el neorrealismo italiano. Erice es muy sobrio, muy «bressoniano», expresa todo con muy poquito; Almodóvar es muy expansivo y los actores hacen muchas cosas. ¿Quién tiene más calidad? Hay gente que le parece un genio Erice, otros que Almodóvar y otros que los dos. Dentro del buen cine, hay muchos estilos. Lo malo es que aquello que quieres plasmar no esté logrado, porque no expresa bien, porque te has pasado o te has quedado corto.

Escribir personajes sin cara

En lo relativo a la elección de actores, el director es como un espejo que devuelve al actor lo que ha interpretado. Es ocurrente lo que dice Woody Allen, de que solo trabaja con buenos actores y por eso deja hacer. Pero creo que un actor agradece también saber por dónde va, y eso se lo dice el director, que le sirve de guía.

Busco actores en los que crea, que le pongan corazón cuando están haciendo el personaje: eso es lo que persigo cuando hago el *casting*. Escribes un personaje y yo, como Woody Allen, busco actores buenos, no actores malos; pido a actores buenos que hagan mi personaje y, al margen de lo buenos que sean, hay uno en el que veo a mi personaje. No es que los otros lo hayan hecho mal: no tiene nada que ver con eso. Pero yo he hecho un personaje que tengo en mi cabeza y lo veo plasmado en alguien. Lo percibí en Laia Marull y Luis Tosar en *Te doy mis ojos*. No es que los demás actores que fueron a ese *casting* lo hicieran mal, solo es que yo vi a mis personajes en los seleccionados. Cuando escribes —me ha ocurrido— pensando en un actor y este finalmente no puede hacerlo, te quedas hundida, porque tu personaje tiene ya la cara de ese actor. Procuro escribir mi personaje sin cara, con características (fuerte, agresivo, etc.) y cuando me viene la cara de alguien, la quito. Me pasó en mi primera película con Kiti Mánver: me la imaginé en mi cabeza y ella, con gran dolor de su corazón, no pudo interpretarlo. Yo llevaba un año escribiendo y oía ya la voz de Kiti Mánver. ¡Es horrible!

Por ejemplo, me gusta mucho Daniel Day-Lewis, pero me pregunto, ¿para quién?: solo cuando haya encontrado un personaje que le cuadre intentaré trabajar con él.

Los buenos actores lo dan todo

En una película, para mí lo más difícil no son las escenas de «movida» en las que vuelcas coches. Esas me parecen las más fáciles. Las planificas, producción pone los medios, aquello se organiza y tú tienes poco que hacer, salvo decir que funciona o no. Lo más difícil es cuando tú te metes en una habitación con dos actores y allí tiene que surgir una escena de amor o de desamor llena de verdad, ya que de lo contrario nada funciona. Y eso es jodido. ¿Cómo se hace? Con buenos actores y con una buena escena; esto es, que los actores tengan material para trabajar, y espacio para que puedan encontrar sus emociones. Después, cruzas los dedos para que ocurra, porque el actor se cansa y pierde la concentración. Llegar a eso es una combinación de muchas cosas pero, cuando salta esa chispa, de verdad es maravilloso estar ahí con la cámara para cazarla. Eso ocurrió en ese escena de la reja de *Te doy mis ojos*. Recuerdo que se me pusieron los pelos de punta, porque percibimos que los dos actores estaban comunicando una barbaridad. Fueron muy valientes, se abrieron en canal, lo dieron todo y no se guardaron nada. Hay otras muchas escenas en otras películas que, mientras las rodaba, sentí un golpe de emoción al percibir que los actores las estaban viviendo y comunicando. Todos los intérpretes con los que he trabajado han sido muy valientes y han aportado escenas fabulosas a las películas.

Temas de siempre con miradas distintas

Yo he experimentado mucho en la interpretación, porque he incluido cada vez más a actores no profesionales, y tengo una forma de contar muy narrativa con los encuadres, mientras que a los críticos les gusta cuando los tuerces y se desenfoca todo. Yo no hago eso, pero sí que experimento mezclando actores profesionales con otros que no los son.

En cuanto a los contenidos, es verdad que no hay nada nuevo bajo el sol. Lo que creo es que siempre hay una manera diferente de mirar lo mismo. Películas de amor, se han hecho «tropecientas», pero siempre llegará alguien con una mirada diferente, personal, para hablar de lo mismo. Todas las películas se reducen a una serie de temas: amor, venganza, poder, niñez, muerte, el paso del tiempo..., pero cada uno llega y lo dice desde su punto de vista. En las novelas, igual: todas hablan de los grandes temas (Shakespeare escribía sobre ellos). La cuestión es que cada uno lo interpreta y lo reinterpreta desde su experiencia, desde el año actual, desde su sexualidad, desde África si eres africano, desde el lugar donde vives, etc. Pero claro, llega Haneke y trae su visión del amor con dos viejos, o llega Woody Allen y hace la suya en *Hannah y sus hermanas.*

En cuanto al cine que me interesa más, es el de autor por encima del de entretenimiento de Hollywood. Aunque si este es bueno me gusta mucho; *Gravity* es un buen ejemplo de ello, de un director interesante, como es Cuarón. Pero, en general, me gusta el cine de autor, ya sea chino, iraní, español, francés, italiano, norteamericano, sudamericano —ahora está llegando buen cine de allí—: cualquier cine que tenga una verdad sobre lo que cuenta, y me da igual si es en tono de comedia o de drama.

Rodajes sin gritos

En cuanto al follón en los rodajes, tengo un ayudante de dirección que es el gendarme del equipo y se dedica a organizarlo, por lo que no tienes que dar gritos. Aparte, hay radios para comunicarnos.

No hay que olvidar que en esa batalla militar, que es un rodaje, estás contando una historia que luego verá un señor o una señora sentada en una butaca de cine o en su casa. Nunca hay que perder esto de vista: estás contando una historia. Es un gran privilegio contar historias en cine y espero que pueda seguir haciéndolo durante mucho tiempo, aunque siempre he tenido el miedo de si podré hacer otra película. Cada una que ruedo es la última y esperas que haya una siguiente, pero es un negocio muy incierto. Actualmente, estoy rodando un documental, y Paul Laverty prepara un guion que espero dirigir el año próximo.

JUDIT COLELL

Nace en Barcelona en 1968. Es Licenciada en Historia del Arte y en Cine por la Universidad de Nueva York. Ha dirigido las siguientes películas: *Nosotras* (2001), premiada en Sitges, Lorca y Vitoria, entre otros festivales; 53 *días de invierno* (2007), presente en el Festival de cine de San Sebastián y Mejor Actriz en el Festival de Toulouse, y nominada a 10 premios en Barcelona; y *Elisa K* (2010), ganadora del Premio Especial del Jurado en San Sebastián, Mención especial del Jurado en Nantes, Premio Nacional de Cultura de la Generalitat de Catalunya, nominada a cinco Gaudís y a un Goya al mejor guion adaptado, entre otros premios. *Positius* (2008), *Fragments* (2003), *Radiacions* (2012) y *L'últim ball de Carmen Amaya* (2014) son los largometrajes que ha dirigido para TV. Actualmente es Vicepresidenta de la Academia de Cine. Es profesora de Dirección en la Universidad Pompeu Fabra y de la Universidad Ramón Llull de Barcelona.

Desde siempre pensé en hacer cine. Tenía cuatro o cinco años cuando una madre del colegio me preguntó qué quería hacer y le dije: «Yo quiero ser actriz de terror». Me apasionaba el cine, trasmitir con imágenes, explicar la realidad, incidir en el pensamiento de las personas... Creía que eso lo hacían las actrices. Más adelante, profundicé en este aspecto con una compañera de colegio que ahora es también directora, Teresa de Pelegrí.

Soy autodidacta, pues en mi época no había ninguna escuela de cine como hay ahora. Solo tenía la opción de hacer Periodismo en la Autónoma, pero decidí cursar otros estudios que tuvieran más que ver con el mundo visual, y me decanté por Historia del Arte. Entendí que podía serme más útil en el ámbito de referencias, encuadres, colores, simbologías, etc. Empecé a estudiar a trabajar simultáneamente de meritoria (el cine es muy jerárquico, es un poco como el Ejército, y actualmente sigue igual, doy clases en la universidad y mis alumnos empiezan desde abajo, aunque hayan terminado la carrera), luego pasé a jefe de auxiliar de *script*, que me enseñó mucho. Paralelamente iba haciendo cortometrajes, y con la práctica aprendí a hacer cine. Parece que el ayudante de dirección es el que más adsorbe, pero es una persona organizativa que está al lado del director y comenta con él qué le hacen falta a los planos para trasmitir mejor. Como directora, trabajo mucho con mis *script*. Más tarde me fui a Nueva York y allí rodé unos cuantos cortometrajes y aprendí más práctica que teoría. Nueva York fue muy interesante para palpar qué es la multiculturalidad, en la que todos conviven tranquilamente.

Cine para cambiar la mentalidad

Aunque los directores vamos cambiando con el tiempo, desde el inicio de mi carrera me ha interesado el cine de autor: innova el lenguaje, hace reflexionar a la gente. No entiendo el cine como entretenimiento, comprendo que exista y, a veces, acompaño a mis hijos a ver alguna película. El cine de autor ayuda a cambiar las cosas y sirve como herramienta cultural. En este sentido, me interesa también mucho el cine social, que hace cambiar la mentalidad de la gente (los belgas Dardenne, Ken Loach...) y logra llegar al gran público.

Cuando me embarco en un proyecto cinematográfico, lo que más me interesa es el guion: aquello que cuenta la película. En un sentido u otro tiene que ser algo interesante y que cumpla mis objetivos de hacer algo diferente, de cambiar el punto de vista del espectador o de hacerle reflexionar, como dije antes. En todas mis películas intento abordar estas cuestiones.

Normalmente no utilizo *storyboard* (en la primera, sí). Después de *El dominio de los sentidos*, me puse a hacer publicidad y descubrí que podías saltarte la ortodoxia, rodar lo que te diera la gana, mover la cámara, cambiar de plano, pues todo se acaba montando al final. Suelo rodar con la cámara en mano. Hay directores que dicen que es artificioso, pero creo que se acerca más a la mirada humana. Ruedo planos larguísimos y secuencias enteras desde varios puntos de vista. Luego trabajo el montaje con todas esas imágenes (en ocasiones «pillas» al actor en autenticidades que no capturas en otros planos; son momentos de magia). Me interesa mucho la verdad; no me gusta la artificiosidad. Y no lo digo como algo malo, hay películas que son así. Hitchcock decía siempre que no fueras al cine si vas a buscar realidad, porque es una mentira. Para mí, no. Lo que intento es plasmar la realidad y siempre decido los planos con este criterio: con cuáles me acerco más a la verdad, con cuáles puedo pillar a los actores cuando se acercan a esos sentimientos reales. Me gusta mucho trabajar con los actores; la clave de mi cine son los personajes.

Actores buenos y pensantes

Cuando estudié Historia del Arte, me rondó la idea de estudiar psicología pues me permitía estudiar los tipos humanos. Uno de los directores que más me ha influido es Bergman. También Dreyer y Tarkovski, ya que los tres son muy de personajes. A los míos, los abordo ensayando mucho con los actores. Les indico siempre dos o tres referentes, tanto pictóricos como cinematográficos, para que los tengan en cuenta. Les ayudo a crear su personaje investigando su entorno, pues es muy diferente que uno viva en un entorno clásico o que habite en un *loft*. Influyen los lugares, los colores, las relaciones personales que tienen: a partir de ahí construimos el personaje. En cuanto a su calidad, valoro que, además de buenos actores, sean inteligentes y pensantes. Por eso suelo repetir con ellos en mis películas, porque aportan mucho al personaje. Les dejo absoluta libertad con los diálogos y nunca les marco que tienen qué decir exactamente. Prefiero la improvisación, los cambios, trabajar sobre diálogos abiertos. Si no están de acuerdo, les pregunto cómo lo harían ellos. Hay un trabajo extensísimo con los actores, pues ellos son lo más importante en una película. Cuando a Bergman le decían: «¡Que buen director de actores es usted!», él respondía: «¡No, no, soy un buen director de *casting*». Si tienes buenos actores, la película sale siempre. Por supuesto tienes que aprender a motivarles, darles las pautas para que vayan por un lado o por otro. Admiro mucho a los directores que trabajen con actores no profesionales, pero si no tiene ese punto de actor...

Suelo trabajar con una cámara, salvo en mi último película para televisión, sobre el mundo de Carmen Amaya, que rodé con dos. Estamos en época de crisis y tenía dos semanas para hacer una película con coreografías, bailes, escenas de época y de actualidad, y con muchísimos actores. Me he dado cuenta que, utilizando dos, te ahorra muchísimo tiempo y aporta mucho más material para el montaje.

Me ha resultado muy interesante descubrir la Cataluña gitana: el marido de Lola Flores, Peret, entre otros, que hablan un catalán como lo hablo yo; todo lo contrario a los de la Mina, que no utilizan ni una palabra y son también cien por cien catalanes.

Montaje, reescribir el guion

Como he dicho anteriormente, en el montaje soy supermaniática: me encanta trabajar con mucho material y no saber previamente qué voy a hacer. Para mí, montar no es unir un plano detrás de otro con más o menos variedad y acierto, sino la posibilidad de poder reescribir el guion. Por este motivo dicen que directores y guionistas se llevan mal. En mi caso no, porque yo misma los escribo, o personas de mi entorno, como mi marido. Tampoco son cambios que varíen esencialmente el mensaje de la película. Al contrario, representan ayudas para explicarla mejor, porque en el montaje ves si la historia funciona o no y te permite cambiar la estructura de la película para hacerla mucho más ágil y que cumpla tus propósitos: es la parte más importante del trabajo. Por eso, tanto el montador como el director de fotografía son piezas claves. En 53 *días de invierno* cambié totalmente la estructura y corte muchísimas cosas. En *Elisa K*, varié también mucho (mi marido Jordi Cadena era el guionista) y cortamos la mitad del metraje.

Participo en todas las fases de preparación del filme. El *casting* es importantísimo para mí —siempre tengo alguien que me ayuda, pero soy la que toma la última decisión—, porque intentamos adecuar cada personaje a un actor o actriz determinados. También trabajo mucho con referencias pictóricas que cotejo con el director artístico y el de fotografía.

Otro aspecto es el sonido, para mí una cuestión crucial. Me pone de los nervios la música cinematográfica, pero me convence cuando sale de la propia película (la que esté escuchando el personaje en sus auriculares, o suena en el bar donde va a tomar algo). Evito la música de película, aunque la he puesto algunas veces en televisión cuando así me lo han pedido. No me gusta enfatizar cuando estoy mostrando la realidad. Buñuel decía que no suena música cuando vas andando. Con lo dicho, no quiere decir que no cuide la banda sonora, ya que para mí es imprescindible. Por ejemplo, nosotros podemos oír de fondo sonidos de conversaciones en otra sala, y eso influye en nuestra relación y nos marca un contexto. Igual ocurre si sonaran unas campanas o el tictac de un reloj, pues crearían un ambiente. Es muy interesante también trabajar metafóricamente el sonido relacionándolo con los sentimientos de los personajes: tratar de crear un vacío en el sonido, quitarlo en un momento dado o subir el sonido exterior frente al interior para evidenciar que estamos contando algo que no queremos escuchar.

El «terror de la hoja en blanco»

Me encantaría dirigir historias que solo escribiera yo, así saldrían todas las que llevo dentro. Pero tengo el terror de la hoja en blanco. ¡El día que me dispare...! Me surgen historias por todos los lados. Recientemente, en la gala de los premios Gaudí, estábamos más de 200 personas, entre ellos un director mítico de más de 90 años que cogió el micro y empezó a contar su vida. Yo pensé: esto es un corto. Hay cantidad de situaciones que me inspiran. En principio son anécdotas, pero luego hay que trabajarlas para contar una narración. No me importa nada trabajar con escritos de otros, pero equivale a dilatar más en el tiempo las mías. Ser guionista y director me parece lo mejor, pero no se da de momento en mi caso.

Mis directores favoritos son Bergman, Dreyer y Tarkovski; de los actuales, Lars von Trier, Haneke, Paul Thomas Anderson y los hermanos Dardenne. Sigo bastante el cine que se hace en países del Este, como Rumanía. Entre las mujeres, Von Trotta e Isabel Coixet. Me encanta Almódovar, creo que es un genio.

Somos solo un 10 por ciento de mujeres. Parece que existe un techo de cristal, algo que impide que haya más mujeres que hagan cine.

Conocer las reglas para romperlas

A mis alumnos les digo: «¡Os estoy enseñando el pintar bodegones. No vais a poder hacer abstracción si no sabéis pintar bodegones, ya que de una a otros hay un recorrido largo (realismo, impresionismo, cubismo, expresionismo, etc.) que hay que conocer. Para hacer cubismo tienes que saber pintar. Picasso era un gran pintor, que en un momento dado abordó sus cuadros de forma diferente, desde distintos puntos de vista. Por eso tenemos que saber la sintaxis cinematográfica, porque para romper las reglas hay que conocerlas.

Las escuelas de cine propician una buena formación, pero a muchas de ellas las veo excesivamente formales; tendrían que enseñar diferentes maneras de hacer cine. Dejarnos llevar por el mimetismo del cine norteamericano de entretenimiento es un gran error. Un país tiene sentido por su cultura. El cine nos muestra a nosotros como somos: españoles, catalanes, franceses, alemanes, polacos; cómo vivimos, cómo pensamos, cómo amamos, cómo nos relacionamos, lo que tenemos en común y lo que nos diferencia. Es muy importante que no nos dejemos engullir por lo que es una cultura de otro país. Aquí se están haciendo unas películas muy «americanas», y nos parecen bien porque dan mucho dinero. ¡Y es fantástico hacer muchas películas que den mucho dinero, pero también otras que muestren como somos! En esta línea, creo que debería ir la formación en las escuelas.

Yo doy clases en la Pompeu Fabra, en la Ramón Llull y, también, en el extranjero. Llevo muchos años y me apasiona enseñar, porque aprendo mucho de mis alumnos. El guion de 53 *días de invierno*, por ejemplo, es de una ex alumna. Y he trabajado con otros. En resumen, es la relación entre personas y sus proyectos, y esto me aporta muchísimo.

La lacra de la piratería

No está todo inventado, hay mucho por descubrir. Si en pintura fueron capaces en el XVIII de abandonar el estilo académico e incorporar las innovaciones en el XIX, muy mal recibidas al principio y que ahora consideramos clásicas, cómo no vamos nosotros a innovar. El lenguaje cinematográfico ha evolucionado mucho y nos queda bastante por descubrir. Está equivocado quien piense que ya está todo inventado. Películas que me parecieron maravillosas en los ochenta, las veo ahora y digo: ¡qué antigua! Y hablamos solo del cine comercial, pero hay otro más experimental en otros ámbitos. Además, el cine se está redescubriendo: se ve mucho más cine por Internet en este país, desgraciadamente, ¡robando! En cualquier otra nación está mal visto, pero aquí estamos acostumbrados a la picaresca y robar nos parece estupendo.

Me da mucha pena que la gente no vaya al cine, porque en televisión o en Internet no se ve ni se disfruta igual una película que cuando vas a una sala. Allí no haces otras cosas, como en casa (no te levantas ni coges el teléfono, no te preparas algo). Allí estás ante la gran pantalla, con el sonido, el clímax... Pero entiendo y comparto que Internet es el presente y que debemos encontrar el modo de ofrecer cine de descarga legal. Es imprescindible para empezar a cambiar la mentalidad y dejar de comportarnos como un país tercermundista.

En cuanto a las temáticas, en el libro *Argumentos universales. La semilla inmortal* se expone que son siempre los mismos (el amor, la venganza, la muerte, el paso del tiempo, la soledad, entre otros). Lo que cambia son las maneras de contarlos.

«¿Titiriteros subvencionados?»

Muchas veces he sentido la tentación de dejar de hacer cine, pero es mi vocación, es lo que siempre he sabido o he querido hacer. La gente se fija en la alfombra roja y en los cócteles, pero es un trabajo muy duro e inseguro: nunca sabes cuándo vas a trabajar, y estás muy expuesto porque todo el mundo opina sobre ti. Aparte del talento, es un trabajo muy vocacional, requiere tozudez y superar cantidad de obstáculos. Imagino que en Hollywood viven bien, pero aquí no. Los que son multimillonarios en el cine español, lo son por otras razones (equipos de fútbol, constructoras, etc.), no por el cine. Incluso los mejores creadores tampoco son riquísimos. Cuando se acusó a Maribel Verdú de criticar al Gobierno desde su posición privilegiada, me molestó bastante, porque ella es una mujer que todo se lo ha ganado a base de trabajo intensísimo (en determinados momentos participaba a diario en una obra de teatro y la compaginaba con el rodaje de dos películas); se lo está «currando» sin parar desde los 16 años.

Ahora estamos en un momento muy complicado: todos hacemos lo que podemos, lo que nos sale y lo que nos piden; yo intento ser selectiva. Les recomiendo a mis alumnos que tengan un plan B de supervivencia: el mío es dar clases en Comunicación Audiovisual y en Publicidad para no tener que decir que sí a todo. Los que pueden dedicarse solo al cine se cuentan con los dedos de una mano. El resto hacemos televisión, publicidad, enseñamos, tenemos productora propia o abordamos otros proyectos. La gente se piensa que somos riquísimos, pero nos situamos en un estrato medio-bajo y tenemos serios problemas para sobrevivir si solo nos dedicamos al cine.

Por otro lado, este mundo de los «titiriteros subvencionados» —frase que se ha inventado la Derecha— ¡es mentira!, porque genera trabajo para entre 10.000 y 30.000 personas en empresas secundarias. Toda esa gente es normal y de clase media-baja. Nuestra industria es de las menos subvencionadas (en otros países cuentan con más ayudas de los poderes públicos): el dinero que genera el cine para el Estado es mucho más que el que ingresa, que es una miseria como queda reflejado en los Presupuestos Generales del Estado. Hay una campaña tremenda contra nosotros.

MARÍA RIPOLL

Estudia en el American Film Institute (AFI), de Los Ángeles. Con su primer largometraje *Lluvia en los zapatos,* gana el Premio del Mejor Guion en el Festival Internacional de Cine de Montreal y el Premio del Público en el Festival de Sitges y en el Festival de Seattle. Es nominada también a Mejor Dirección Novel a los Goya. Dirige *Tortilla Soup* (2001), producción totalmente americana que obtiene nueve nominaciones a los premios ALMA. En 2002 dirigió *Witness,* un documental para Canal Plus. Dirige *Utopía,* su primera película en español, que logra gran aceptación de crítica y público y después *Tu vida en* 65'(2007), escrita por Albert Espinosa, que fue invitada a varios festivales como AFI Los Ángeles Films Festival, Sthockolm Festival, etc. Trabaja periódicamente como directora de spots publicitarios para Monkey Films y Picnic (Barcelona), Milagro Films (Los Ángeles) y Vértigo Films (Mexico D.F). También imparte cursos de análisis de guion y dirección de actores para la SGAE. En 2013 produce y dirige *Cromosoma cinco,* documental coproducido por TVE, que participó en la sección oficial del festival de Málaga 2013. Su última película es *Traces of Sandalwood.*

Desde pequeña me lo he creído todo, me fascinaban los cuentos, las fábulas, las mentiras, los juegos... Pertenezco a una familia numerosa (soy la mediana de cinco hermanos y en casa no sabían muy bien qué hacer conmigo). Afortunadamente vivíamos justo enfrente de un cine, donde mi madre nos mandaba ir cada día, y así fue como descubrí que mi pasión era la ficción, hacer realidad vidas inventadas, llegar a la audiencia y provocar emociones, las mismas que esas películas me hacían sentir como parte de mi realidad.

Inicié los estudios cinematográficos con varios cursos en Barcelona, entre la Universidad Politécnica y el FEMI. Simultáneamente recorrí todas las productoras de Barcelona buscando la oportunidad de entrar en un rodaje. Por fin lo conseguí y empecé a trabajar de meritoria, llevando el café al director y barriendo el plató. Enseguida pasé a ser *script* y segundo ayudante de dirección. Este periodo lo acabé como ayudante de dirección en diversos largometrajes, rodando junto a directores como Bigas Luna o Agustí Villaronga, entre otros. También codirigí mi primer cortometraje, *Bar* (1988), ganador del Primer Premio en el Festival de Huesca.

En Julio de 1990, me fui a Los Ángeles a estudiar un máster de dirección cinematográfica en el *American Film Institute*, donde dirigí el cortometraje *Kill me later,* que obtuvo varios premios internacionales (Overhousen Film Festival, Houston). Me instalé profesionalmente en Estados Unidos realizando trabajos para cine y televisión.

En 1994, viajé a Barcelona para dirigir el episodio piloto de la serie *Nova Ficcio* titulado *VEO VEO* para TV3. Y también ruedo el episodio *L'oïda* en la película *El domini dels senits*, un filme colectivo dirigido por cinco mujeres y galardonado con el Premio del Público en el Festival de Cine de Alcalá de Henares.

Descubrir otras culturas a través de la ficción

Me instalé en Europa en el 96 e hice mi primer largometraje, *Lluvia en los Zapatos,* rodado íntegramente en Londres con Lina Heady y Penélope Cruz. La película es bien recibida tanto por el público como por la crítica. Se vende a más de 35 países y obtiene diversos premios, entre ellos de los festivales de Montreal, Seattle, Bogotá y Sitges. Una siempre sueña con que algo así pueda suceder. Viajé a Japón, Australia y EE.UU. para promocionar los estrenos de la película.

Debido al éxito de *Lluvia...*, el estudio Samuel Goldwin me llamó para *Tortilla Soup*, una producción íntegramente americana. Vuelvo a Los Ángeles, ya no como estudiante, sino para dirigir un largometraje y trabajar con actores como Héctor Elizondo, Elisabeth Peña y Raquel Welch.

Mi siguiente proyecto fue *Utopía* (2003), con Leonardo Sbaraglia, Najwa Nimri y Tcheky Cario, rodado en Madrid. Supone un cambio de género, una historia de intriga sobrenatural. Se estrenó en España, también en casi toda Europa y Japón.

Tu vida en 65', una película que dirigí en 2007, escrita por Albert Espinosa, fue invitada a varios festivales como AFI Los Ángeles Films festival, Stockholm Festival, etc.

Mientras, trabajo periódicamente como directora de spots publicitarios para Monkey Films y Picnic (Barcelona), Milagro Films (Los Ángeles) y Vértigo Films (México D.F). También imparto cursos de análisis de Guion y dirección de actores para el SGAE y la Universidad Pompeu Fabra.

En 2013, produje y dirigí junto a Lisa Pram, *Cromosoma Cinco*, un documental coproducido por TVE que participó en la sección oficial del festival de Málaga 2013 y se presentó en el programa *Versión Española*. También fue un proyecto transmedia, y diseñamos el primer WEBDOC de España a través de la plataforma

RTVE.es, donde aparte de poder ver el documental completo, el internauta podía acceder a contenidos extras sobre el tema, una historia de la pérdida y del encuentro (Andrea, una niña especial, pierde su cromosoma 5 y Lisa, la madre, tiene que encontrar una manera de aceptarlo).

En 2014 he dirigido la película *Traces of sandalwood (Rastros de sándalo)*, rodada entre Bombay y Barcelona, que propone un viaje emocional de ida y vuelta para unir e incluso fusionar dos culturas, a través del amor, la fuerza de los lazos fraternales y el descubrimiento de uno mismo.

Búsqueda de la emoción

Siempre me ha interesado hablar de los sentimientos más universales en un ámbito intercultural. Desde *Lluvia en los zapatos*, rodada en Londres, a *Tortilla Soup*, rodada en Los Ángeles, me atrae profundamente descubrir diferentes culturas a través de historias muy personales, que hablen de sentimientos universales, y poder crear puentes comunes entre estas culturas y la nuestra.

La segunda motivación para dirigir una película es que sea una historia potente y emotiva. Que hable de búsqueda de uno mismo, de encuentro, de pérdida y de identidad: temas recurrentes en toda mi filmografía, ya sea en comedia, drama o documental. Y el tercer motivo es la dirección de actores. Trabajar con los actores es la parte que más me fascina y la más importante de mí trabajo, crear unos personajes a partir de un guion con actores que busquen la verdad.

Dirigir actores, el misterioso «otro»

Como director dependes totalmente del actor. No tiene que ser tu mejor amigo, pero sí tener una conexión umbilical. Son nuestras herramientas, ya que de un actor a otro, te cambia la película. Ellos son el misterioso otro. Un director debe estar siempre en búsqueda de nuevas técnicas, de nuevos procesos para llegar a comprender al actor. Por esto es tan importante llegar a sentir lo que el propio actor siente. Siempre digo: no hay malos actores, solo depende de la química con el director.

Los actores mejores son aquellos que lo hacen todo fácil. Sus técnicas son invisibles, parecen haberse convertido en el personaje, porque se mueven y hablan desde los impulsos del propio personaje. No parecen haber ensayado, hablan con sus propias palabras. Su actuación es tan natural que parece que están improvisando. Pero detrás hay mucho «curro», técnica y cuidado en cada detalle. Por ejemplo, Héctor Elizondo, el protagonista de *Tortilla soup*, es un señor, un «gentleman», de una generosidad y un talento enormes.

En el lenguaje cinematográfico, no es necesario una gran expresión corporal por parte de los actores ya que casi siempre estamos en planos medios y cortos; no es necesario una gran proyección vocal, ya que tenemos un micro que nos permite prácticamente susurrar, encontrando matices superiores a los de un escenario, donde serían imposibles de percibir; no es necesario una gran expresividad facial, ya que la cámara es capaz de captar cualquier expresión, aunque sea mínima: los ojos de una actor siempre reflejan lo que piensa, quién es y dónde está. Eso sí, el trabajo delante de cámara exige al actor mostrar siempre *la Verdad*. ¿Cómo conseguirla? Con un análisis exhaustivo del guion y preguntándonos cada reacción, cada motivación, cada objetivo del personaje. Así podemos descubrir el submundo de los personajes, que nos llevará a esa *Verdad*. Las palabras, los diálogos y descripciones solo son pistas para dibujar el personaje: el privilegio y el deber de los actores y del director es encontrar sus comportamientos y submundos. La importancia de un buen análisis del guion es extraer el subtexto, descubrir la intimidad de la historia y de los personajes; su pasado, sus secretos...

Se puede hacer una lectura e imaginar en tu cabeza las expresiones, los movimientos, los planos, las localizaciones. Pero esto, en cierto modo, limita porque te aleja de la premisa principal, de la historia. Te hace tomar decisiones predeterminadas, por influencias de otras películas, y no por lo que realmente crees tú. Dirigir es preguntarte de qué va realmente la historia en cada momento y confiar en las intuiciones de las personas que están delante y también detrás de la cámara.

Los cinco minutos de magia

Se sufre mucho en todo el proceso de dirigir una película, sobre todo en la preparación, en la que debes tomar las decisiones más drásticas, básicas e importantes, así como en el rodaje y en el montaje. En todo el proceso siempre hay frustración, ya que aquello que te habías imaginado y que habías planificado con tanto esmero, aquel actor en torno al cual habías llevado a cabo todo el *casting*, se viene abajo (como me pasó en *Tu vida,* que me dejó una semana antes del rodaje). ¿Qué haces, cómo superas esta frustración cuando piensas que no puedes seguir adelante? Solo regenerando esta frustración en energía positiva. ¿Cómo? No lo sé, creo que creyendo en tu instinto, en tu intuición. Pero que no se entienda intuición como algo superficial, como el primer pensamiento que te viene a la cabeza, sino como aquello más profundo que está dentro de ti.

Todo el mundo sabe qué hacer cuando está inspirado. ¡Pero no puedes decidir estar inspirado! Si lo fuerzas, el trabajo para conseguirlo crea tensión, llevándote lejos de la facilidad, del saber hacer y de tomar las buenas decisiones que conlleva la inspiración. Por eso es para mí tan importante la preparación: ver la historia con los actores, analizarla hasta lo más profundo, conocerla como la palma de tu mano, planificar cada escena... La tecnología está muy bien, porque te da algo en lo que apoyarte mientras te llega la inspiración, pero puedes entrar en un bucle de malas decisiones y equivocaciones. Aunque las equivocaciones no siempre son malas en esta profesión: a veces pueden ser la solución de una escena. Solo a veces.

Normalmente tengo todo planificado para que luego, cuando aparezca, llegue la magia y puedas olvidarte de lo planificado, romper la norma y todo lo aprendido. Esto es lo mejor de un rodaje. Cuando todo funciona, cada uno de los miembros del equipo sabe qué hacer y capta cómo ves tú la película, e incluso aporta algo mejor. Y cuando los actores están en sintonía, la magia termina de instalarse en el ambiente. Este momento es el que hace que todo valga la pena, el que me hace seguir dirigiendo. Pero estos minutos solo son cinco en todo un rodaje de seis semanas, ¡pero cinco minutos de placer total! Por esto sigo dirigiendo, ¡para encontrar, quizás, los cinco o los dos minutos de la magia del cine! En cada uno de los proyectos, siempre tengo la sensación de que empiezo de nuevo, que es la primera vez. Y siento otra vez las mariposas en el estómago, como en aquel momento.

ANA
RODRÍGUEZ
ROSELL

Licenciada en periodismo, trabajó en el Gabinete de Comunicación del Ayuntamiento de Boadilla del Monte, en el de la Universidad San Pablo-CEU y como *copywritter* en DEC (del grupo BBDO). En 2007, creó la productora Jana Films S.L. en la que está profundamente involucrada en labores de realización y producción.

Buscando a Eimish (2011) es su primer largometraje, con Manuela Vellés, Óscar Jaenada, Emma Suárez, Jan Cornet, Carlos Leal, Birol Unel y Clara Wurnell. Obtiene varios premios: Premio Alfa y Omega a película revelación de 2012; Premio SIGNIS. Sección Oficial de Festival de Cine de Málaga. 2012; Premio mejor Dirección Novel. Sección Oficial Evolution Film Festival 2012; Premio mejor Actor. Sección Oficial Evolution Film Festival 2012; Dos nominaciones a las medallas de los premios cinematográficos 2012: BSO y Dirección novel; Shanghai International Film Festival 2012 (Sección Panorama), 2012; Inaugura el Spanish Film Festival de Londres 2012; CinEspaña Toulouse (Sección Oficial a Opera Prima 2012); BogoCine (Sección Oficial a Competición 2012) y Festival de cine de Santo Domingo 2013.

Sus trabajos en África son los siguientes:

Quiero ser una gacela (2009), Primer Premio Festival Picnic 2010.

Yo y mi terraza (2007): Premio Mujer Creadora 2008; Primer Premio Trabajo producido por una mujer en el Festival Cine Posible 2008; Mención especial en la competición de televisión del Festival de Avanca 2008, Portugal; Primer Premio del Festival de Cortos Villa de Orotava 2008; Segundo Premio Documental Plataforma de Nuevos Realizadores 2007; Primer Premio Documental Festival de Cine de Ciudad Real 2007; Primer Premio Categoría General Festival de Cine Ateneo 2007; Primer Premio Documental Café Samarkanda 2007; Primer Premio Documental Maratón de Cortos de la SGAE 2006.

¡Espera Fati! (2006), estrenada en el Festival de Cine Fisahara, en abril de 2007.

Una mujer para Ibu (2005): Mejor Fotografía en Tarrasa 2006; Primer Premio Calella 2006; Primer Premio Mirada Womad 2005; Primer Premio Redondela en corto 2005; Primer Premio documental Maratón de cortos de la S.G.A.E 2005.

Otros cortos: *Esta es la noche* (2005), *Nueve* (2005) y *La Musa* (2004).

Siempre me ha encantado el cine. Muchos de mis mejores recuerdos están ligados al hecho de ver películas. De niña era el mejor plan, y quizá ahora también. Ese entusiasmo por el cine, unido a mi adicción por escribir y a mi carácter introvertido, provocó un acercamiento espontáneo al mundo del guion, y luego quise dirigir mis guiones. Tengo que agradecer el empujón de mi amigo Carsten Steawer al animarme a dirigir mi primer corto. La confianza que tuvo en mí fue vital. Como dice Vincenzo Cerami en su libro *Consejos a un joven escritor*, «los artistas necesitamos a alguien que crea en nosotros plenamente».

Me hice directora por el deseo de dirigir mis historias. Escribo sobre cosas que puedo entender, situaciones que me preocupan y me mueven. Reconozco una especial debilidad por las historias de amor.

Para mí es importante tener libertad en el rodaje. Hasta ahora solo he dirigido historias escritas por mí.

Empiezo a visualizar la película mientras la escribo y percibo e*l tempo* y la *energía* que *siento* que la historia debe tener. Entiendo el tipo de película que quiero rodar y con esta intuición comienzan las charlas con el director de fotografía. Vemos películas, imágenes, escuchamos música, hacemos pruebas, y llegamos a rodaje con una idea más o menos precisa del universo que vamos a construir. En el caso de *Buscando a Eimish*, el director de fotografía Pau Mirabet y yo trabajamos con tonalidades, imágenes y películas. Fue vital ir a localizar a Berlín, Verona y captar las sensaciones de las ciudades. El director de arte me parece muy importante también. El de *Buscando a Eimish*, Gustavo Ramírez, consiguió crear escenarios genuinos que definían a cada uno de los personajes. En mis cortos, *Yo y mi terraza*, *Una mujer para Ibu* y *Quiero ser una gacela*, rodados en Senegal, optamos por un estilo documental, para no perder los matices que nos ofrecía rodar en África.

Me gusta mucho improvisar en el rodaje, por lo que intento mantener un margen de libertad para tomar decisiones. Por eso solo utilizo *storyboard* de forma muy puntual, para escenas o secuencias que sean más complicadas técnicamente. En el caso de *Buscando a Eimish*, solo dibujamos la primera secuencia, en la que Lucas llega a la puerta de su portal, y simultáneamente vemos a Eimish que camina pocos metros delante de él, huyendo con su maleta. Si llega el caso en que me encuentre ante una película que requiera una estructura técnica compleja, no dudaría en utilizar *storyboard* y cualquier otro instrumento que nos ayudase a sacar el mayor partido a los planos. Pero, de momento, mis rodajes han sido muy orgánicos e instintivos.

El trabajo con los actores me parece vital. En eso focalizo la mayor parte de mi energía cuando estoy rodando. Necesito que me emocionen. Poder creerles. En *Buscando a Eimish* utilizamos muchos planos cortos, que nos acercaran a los personajes, a sus sentimientos. Es la historia de un chico que va en busca de su novia, que se ha ido de casa. En este viaje de búsqueda tiene que comprender por qué se ha ido ella y qué es lo que le impulsaría a volver.

Prefiero utilizar una sola cámara y, aunque tengo monitor para ver lo que se está grabando, me levanto muy a menudo y me acerco a los actores. Los veo mejor en directo. Si tuviera dos cámaras dispersaría mucho mi atención.

Doy mucha importancia al montaje, por lo que estoy siempre pegada al montador. Me gusta conocer todo el material que tenemos y participar en las decisiones, aunque lo paso fatal. Sin embargo es una fase muy importante que determina crucialmente la película.

No es fácil dar por acabado el montaje. Tienes la sensación de que la película todavía puede mejorar y quieres seguir trabajándola. Mi experiencia es que el montaje se acaba cuando se acaba el dinero y el tiempo para seguir montando. Sin embargo, creo firmemente que merece la pena invertir dinero y tiempo en ello, ya que muchos matices (y no solo matices) solo lo ves con el tiempo: un buen montaje hace que la película sea mejor.

Me gusta estar presente en todas las fases de elaboración. Es importante que todos trabajemos sobre una misma idea. Que nuestro trabajo sea coherente y complementario para dar fuerza a esta idea. Me gusta trabajar mano a mano con los distintos departamentos, tratar de que *sientan* la película como yo la *siento*, estar segura de que vamos en la misma dirección. En el caso de *Buscando a Eimish*, la música era especialmente importante para mí. Conseguimos que Alondra Bentley y Nine Stories compusieran las canciones, una de las cuales cantó la propia Manuela Vellés. A esto se suma la banda sonora de Antonio Escobar. Me siento orgullosa de lo que consiguieron.

Yo escribo mis guiones, sé los actores que me gustaría tener y voy a por ellos. Doy mucha importancia a las localizaciones, el vestuario, la música... Aunque de momento solo he dirigido mis propios proyectos, estaría abierta a dirigir una historia de otra persona, si pudiera comprenderla bien y lograra emocionarme. Creo que amar una historia es base suficiente para pensar que puedes rodarla.

Aprendí a dirigir rodando cortos, documentales y viendo buen cine. No he tenido la oportunidad de cursar una carrera de cine. He hecho un par de cursos breves de guion en la Escuela de Cine de San Antonio de los Baños, de Cuba, con Pedro Loeb, que ahora es amigo mío.

Creo que para la profesión de director de cine es necesario saber ver y contar, tener una historia e intuición. A raíz de mi película *Buscando a Eimish*, me han ofrecido impartir clases de realización en distintas universidades españolas. Me ha gustado mucho la experiencia. Y lo sigo haciendo cada vez que me llaman. Estoy feliz de compartir mis experiencias con quien quiera escucharlas.

Busco actores que me emocionen. La dirección de actores es mi parte preferida, porque creo que los actores son la clave para conectar con el espectador. Es vital creerles. Si la historia lo pide, me gusta trabajar con «personas locales», dado que tienen mucha verdad. En mis trabajos rodados en África, he trabajado con actores que se ponían delante de la cámara por primera vez. Entendían la historia y el personaje porque era muy parecido a ellos: hacían de ellos mismos.

Cuando necesito dar vida a un personaje concreto que he imaginado, sé qué actor me gustaría que lo representara ya en escritura. En el caso de *Buscando a Eimish*, trabajé con Emma Suárez, Birol Ünel, Oscar Jaenada, Manuela Vellés, Jan Cornet, Carlos Leal y

Clara Würnell. Fue un gran reparto para una primera película. Una gran experiencia y todo un reto.

Los ensayos me parecen vitales para trabajar con un actor. En ellos, hablamos mucho sobre el personaje y sus circunstancias, sobre la historia, pero también sobre las intuiciones que tiene el actor con respecto al personaje, sus ideas para interpretarlo. Además, creo que es importante ver la química que tienen los actores entre sí. *En Buscando a Eimish,* estuvimos ensayando durante tres semanas antes del rodaje, por lo que tuvimos tiempo de hablar y de probar distintas cosas. En este sentido, es curioso descubrir que los diálogos que has escrito no siempre suenan como imaginabas. Entonces hay que cambiar las palabras. Probar con otro tono. Encontrar otra forma de llegar.

Las características que busco en un actor para proponerle trabajar juntos es que me emocionen; que me lo crea. Hay muchas actrices y actores con los que me gustaría trabajar. Michelle Williams, Juliete Binoche, Mila Jovovich, Emma Suárez, Aitana Sánchez Gijón y Manuela Vellés son un buen ejemplo, y en cuanto a hombres, Ryan Gosling, Javier Bardem, Clint Eastwood, Peter Mullan, Philip Seymour, Antonio Dechent, Birol Ünell y muchos otros desconocidos que me sorprenden continuamente.

Me gusta experimentar, encontrar un lenguaje distinto para cada historia. Insuflar vida a una escena es hacerla «real», «creíble», «humana». A la hora de decidir cómo abordarla, tengo en cuenta lo que queremos contar con ella y el tipo de película que estamos haciendo. Es importante que llegue el mensaje que queremos transmitir con esa escena y que llegue con el lenguaje que intuimos para la película.

En el caso de *Buscando a Eimish*, utilicé una estructura de continuos *flashbacks* que iban y venían formando un gran rompecabezas. En realidad, es el mecanismo con el que trabaja nuestra mente, en la que se mezclan todos los tiempos de forma continua, reacciones del presente con sucesos del pasado. «Todo afecta a todo»: ese es el mensaje que quería contar a través del *flashback*.

Actualmente estamos trabajando en el *lenguaje* de mi nueva película.

Creo que cada director aporta su cabeza y su ojo a la historia. Aporta su forma de entender la vida, y el mundo. Me interesan muchas directoras y directores distintos. Andrea Arnold, Kim Ki-duk y Lucas Moodysson son un buen ejemplo.

Aunque nunca he pensado en dejar de hacer cine, tras el rodaje de *Buscando a Eimish* pensé que quizás no podría vivir de ello. Todavía dudo de que sea una profesión de la que se pueda vivir.

Pero seguiré rodando pase lo que pase; no puedo evitarlo.

PAULA ORTIZ

Es Doctora en Teoría de guion (PhD), directora y guionista de cine. Se licenció en 2002 en Filología Hispánica por la Universidad de Zaragoza. Realizó el Máster de Escritura para Cine y Televisión de la Universidad Autónoma de Barcelona (2003). Se formó en dirección de cine en el Department of Film and Television de la prestigiosa Tisch School of the Arts de New York University (NYU, 2006 y 2007). También ha cursado estudios de guion en UCLA (2008 y 2009), principal centro de formación cinematográfica de California, y ha participado en el Screenwriters Expo, también en Los Ángeles (2008). Además, fue miembro del Taller Bigas Luna (2002-2003) para narradores audiovisuales.
En marzo de 2012, estrenó, con gran éxito de taquilla y crítica, su primer largometraje, *De tu ventana a la mía*, producido por Amapola Films y Oria Films y protagonizado por Maribel Verdú, Leticia Dolera, Álex Angulo y Roberto Álamo, entre otros. La película consiguió numerosos galardones nacionales e internacionales, como El Premio Pilar Miró a la Mejor dirección Novel de la SEMINCI 2011, así como una Mención Especial FIPRESCI, de la crítica internacional, en la misma edición SEMINCI. Además de tres nominaciones a los Goya 2012, consiguió el Primer Premio del Jurado en las XIX Jornadas de Cine Europeo de Túnez, la Mención Especial del Jurado del Festival Internacional de Cine de Shanghai (SIFF, 2012), Premio a la Mejor Banda Sonora también en el SIFF 2012, y el Premio a la Mejor Fotografía en el Festival de Cine de Toulousse. La película viajó por todos los continentes con gran acogida de público y crítica.
Previamente, dirigió cortometrajes premiados en numerosos festivales, como *El Rostro de Ido* (2003, Primer Premio en SCIFE), *Fotos de Familia* (2005, seleccionado en el Festival de Cannes) y *El hueco de Tristán Boj* (2007, seleccionado en el New York Short Film Festival). Trabajó además como guionista de la Enciclopedia Infantil Hoobs Enciclopedia para Mízar Multimedia sobre un proyecto de Jim Henson's Company.
Además de su labor como directora, ha desarrollado una amplia carrera académica vinculada a la investigación sobre cine en la universidad. Disfrutó de la prestigiosa Beca FPU del Ministerio de Educación, trabajando como investigadora y profesora en el área de Estudios de Cine de la Universidad de Zaragoza.

Las razones que me llevaron al cine, como cualquier pasión, son algo afectivas, emocionales y, en cierta forma, éticas. Yo he aprendido —aprehendido— el mundo a través de los libros y las películas, casi tanto y tan intensamente como a través de la experiencia directa. Las representaciones humanas de los procesos psicológicos, de los universos estéticos, etc., de las películas han ido habitando mi tiempo, mi mente, mis formas, de manera tan nutritiva y apasionada que en algún momento yo quise hacer lo mismo.

Por esa pasión hacia los relatos y la forma de hacernos entender el mundo, a nosotros mismos y a los demás, y aventurar otros caminos, otros mundos posibles, acabé adentrándome en la Filología, en el estudio de la literatura, de sus formas y contenidos a lo largo de la historia y a través de la palabra. La imagen vino más tarde.

A día de hoy, esa sigue siendo la principal razón por la que hago cine y por la que, a pesar de los esfuerzos y las renuncias que requiere aventurarse en una película, sigo creyendo que cada relato es un viaje que ayuda, nos ensancha, nos abre puertas y ventanas, y a través de ellas nuestra manera de pensar, sentir, vivir es... mejor. Creo que cada relato es un ejercicio de imaginación, de libertad y solidaridad. Y por ello los relatos son necesarios, si se hacen con hondura y honestidad.

Crear un discurso coherente

Los proyectos que más me interesan son los que plantean, mediante la risa, el llanto o la forma que sea, un viaje profundo hacia nuestras contradicciones, nuestros abismos, nuestros procesos inexplicables... Son los de siempre: el amor, la muerte, el dolor, la alegría... Si conectan con mis formas, entonces aún me interesan más, y es ahí cuando sientes que puedes contarlo de una forma honesta, y quizás interesante.

Desde el punto de vista técnico me interesa el lenguaje. Es decir, cada plano como unidad semántica, y su secuenciación como discurso sintáctico. Intento extraer el mayor rendimiento lingüístico a cada escena. Contarla de la mejor manera que sea capaz. La intención de crear un lenguaje, un discurso coherente en imágenes es fundamental. La estética, desde un punto de vista filosófico como estudio de formas, la considero esencial. La ética y la estética de cada plano, y también la emocionalidad: esos son los ejes, las premisas que motivan cada decisión técnica, cada ángulo de cámara, el sentido de la planificación global...

Personalmente creo que el cine es movimiento, luz, sonido, color... y creo que buscar la belleza, desde un sentido amplio, en cada uno de esos recursos del lenguaje de la imagen es fundamental también. La belleza en cada una de las emociones, positivas y negativas, que dibujamos en los planos produce un relato que, cuanto más bello resulte, más goce dará. Hay muchas maneras de entender esa belleza.

Sé que estas cuestiones son muy abstractas, pero considero que son las premisas desde donde trabajar. A partir de aquí vienen las estrategias técnicas concretas, y las necesidades y dificultades de su materialización en cada caso. Y seguir en profundidad todas las fases del proceso. A mí me gusta estar en todas las fases del proceso, lo creo necesario porque es donde aprendo de cada acierto y de cada error.

Docencia y realización

Creo que en España actualmente hay opciones de formación técnica muy buenas. Nuestros técnicos nada tienen que envidiar en capacidad y calidad a los de cualquier gran cinematografía. Sí creo, aún así, que en todas estas formaciones haría falta un sentido crítico y creativo más profundo, y un conocimiento de las bases narrativas y dramáticas que, al fin y al cabo, son los cimientos de las artes audiovisuales de ficción. Yo vengo de la docencia y la investigación en el ámbito universitario. Los procesos de investigación a través de becas y proyectos en el extranjero han abierto mucho mi manera de trabajar, no solo en nuevos contenidos sino en nuevas actitudes ante la creación y el trabajo técnico y artístico. Trabajos de investigación, como la tesis doctoral, me han permitido un tiempo de reflexión y profundización que ha alimentado mis proyectos cinematográficos y también mis posibilidades docentes. En la actualidad, compatibilizo la docencia de guion, realización y puesta en escena y análisis fílmico con el trabajo en la dirección y el guion en cine.

El trabajo con los actores es una de las fases más apasionantes e inasibles de nuestro trabajo. Con ellos manejamos el pantanoso mundo de las emociones, con el que hay que ser especialmente honesto y delicado. Personalmente me gusta hacer un proceso de trabajo como tal. Una primera fase de lectura y comprensión, donde asegurar que todos entendemos la misma historia en un mismo sentido, y que esta camina hacia un mismo lugar. Posteriormente, en los ensayos, hay una dimensión de búsqueda, de juego, de experimentación de esos procesos, de sus estados, reacciones, juegos de empatía y verosilimitud. Solo desde una dimensión lúdica en zigzag, de ensayo-error, se puede ir trazando el camino del personaje y saber cómo su vivencia va a ser recibida. Cada proceso es distinto, cada actor es distinto, cada historia. Esta fase de trabajo siempre es una aventura.

Me gustan los actores que piensan y sienten, que buscan, que intentan ir al fondo, jugar, no sufrir, ser honestos, agarrar lo que pueden..., y que tratan de mirar el personaje con esa honestidad directa de ver al otro como eres tú. Me encantaría trabajar con ese tipo de actores, de conciencia... Como deseo, ojalá un día trabaje con Meryl Streep, que plantea su trabajo con voz y oficio, con vida, y con esa disciplina que parece que no le ha costado esfuerzo, pero que oculta mucho trabajo.

Insuflarle vida a una escena es algo tan incierto e inasible como el viento, como las emociones humanas... Puedes tener todo medido y de pronto darte cuenta de que aquello no funciona... no respira... no hay vida... A mí me gustar usar la palabra «poiesis», alumbramiento en griego. Si lo tiene o no la escena, lo ves. A un nivel de trabajo inicial, intento mirar cada plano y cada escena globalmente, desde una perspectiva comunicativa: si dice todo lo que ha de decir a un nivel informativo, primero; emocional, después; y, por último, estético. Y si todo eso se dice y se entiende de verdad. Parece fácil pero es complejísimo.

Para comprendernos

Por supuesto que todo está ya contado bajo el sol, la falacia de la originalidad cayó con los románticos.

Siempre contamos los mismos conflictos, las mismas encrucijadas vitales... Pero estas son tan complejas, intensas e inesperadas que necesitamos volverlas a escuchar, y vivirlas de nuevo a través de relatos que nos expliquen nuestro propio reflejo, nuestros propios conflictos. La vida es tan frenética e inefable que necesitamos que nos la cuenten una y otra vez, siempre igual y siempre diferente, para ver si en cada relato aprendemos algo nuevo. Los directores que consiguen anclarse profundamente en el eterno humano y a la vez narrarlo de forma distinta según la sensibilidad de su tiempo, son los que me interesan y los que siempre alumbran algo. Algunos por lo narrativo, como Sam Mendes, John Ford, Scorsese; otros por lo contemplativo: Zhang Yimou, Patrice Laconte, Víctor Erice y tantos otros.

Mientras esa pasión por descubrir y reinterpretar el mundo a través de los relatos continúe, intentaré seguir haciendo películas. ¿Dejarlo? Todos los días lo pienso en algún momento.

AMANDA
CASTRO

Licenciada en Imagen por la Facultad de Ciencias de la Información de la Universidad Complutense de Madrid, realizó los cursos y el trabajo de investigación en el área de Comunicación Audiovisual del Doctorado de Estudios de la Mujer en la Universidad de Oviedo. Actualmente trabaja en su tesis doctoral sobre la adaptación de biografías de artistas al cine. Ha realizado una estancia de investigación en la Universidad de Columbia (Nueva York).
Ha trabajado en la dirección y producción de las series *Villarriba y Villabajo, La Banda de Pérez* o *Don Juan,* de José Luis Berlanga, producidas por Juan Gona para TVE, y en las películas *Dama de Porto Pim,* de Toni Salgot, y *Abre los ojos,* de Alejandro Amenábar. Colaboró en diversas campañas publicitarias, así como en televisión, para Globomedia.
Dirigió una Escuela Taller de Imagen y Sonido en Avilés (Asturias) y en la actualidad es jefa de producción de los informativos de la Televisión del Principado de Asturias.
Fue becada para el taller de García Márquez «Cómo se cuenta un cuento», impartido en la Escuela Internacional de Cine de San Antonio de los Baños (Cuba), y participó en seminarios con prestigiosos cineastas como Krzystof Zanussi o José Luis Guerín. Realizó cursos en la New York Film Academy (Nueva York), la London Film Academy (Londres) y La Casa del Cine (Barcelona), y participó como ponente en cursos de extensión universitaria como *Las mujeres dirigen: representaciones fílmicas de la diversidad*, junto a Josefina Molina (Universidad de Oviedo) y *Mujeres en dirección* (Instituto Cervantes de Dublín y Universidad de Limerick). También ha sido invitada al programa de cine «Versión Española» con motivo de la proyección de la película *Cría cuervos* (Carlos Saura, 1975).
Directora del premiado cortometraje *Tierra de guerrilleros* (2004) y *A golpe de tacón* (2007), estrenado en la SEMINCI y galardonado en España, Latinoamérica y EEUU, donde recibió el Premio al Mérito en el Indie Fest (EEUU). Obtuvo el Premio al Mejor Cortometraje en el Festival Internacional de Cine Iberoamericano La Chimenea de Villaverde y la Mención Especial Salvador Allende del Festival Internacional de Cine y Derechos Humanos de Valparaíso (Chile).
Ha escrito y dirigido el capítulo *Sueños en prácticas* de la serie *Generación FP* para la Televisión del Principado de Asturias, coproducida por Juan Gona, y es autora del libro *La representación de la mujer en el cine español de la Transición (1973-1982)*, editado por KRK.

Recuerdo ese sentimiento de fascinación hacia la narración desde que era niña. Primero a través de la literatura, de los cuentos, y más tarde durante las primeras experiencias cinematográficas, que me produjeron un profundo impacto. Recuerdo el poder hipnótico que ejercían sobre mí las historias, proporcionándome esa vía de escape de la realidad hacia otros mundos anhelados llenos de magia, fantasía y sueños. Y, por supuesto, aún continúan haciéndolo.

Creo que la lectura impulsó rápidamente el desarrollo de mi imaginación desde muy temprano. Enseguida comencé a escribir pequeños cuentos, a crear mis pequeños mundos imaginados, tratando de imitar aquellos que tanto me cautivaban. En ese proceso de fabulación me sentía libre y poderosa. Pienso que la capacidad de fabular es uno de los grandes privilegios que poseemos y constituye una manera de ejercer la libertad, ya que nos permite la creación de nuestros propios universos y personajes a medida.

El descubrimiento del cine potenció aún más esa necesidad que sentía de historias, me fascinó completamente. Recuerdo que con doce o trece años me pasaba tardes enteras asistiendo a sesiones triples, a veces incluso de la misma película, y me emocionaba una y otra vez con las mismas tramas, las mismas escenas y los mismos protagonistas. El cine se convirtió en un refugio que me proporcionaba grandes dosis de felicidad y emoción.

A los diecinueve años asistí por primera vez a un rodaje cinematográfico, y esa experiencia «mágica» —que aún hoy recuerdo como si acabara de suceder— me despertó un fuerte deseo de pertenecer a ese mundo cinematográfico. Aún estaba en la Facultad por aquel entonces y allí, en una de las clases, nos ofrecieron la posibilidad de trabajar como meritorios en un rodaje de la serie *Villarriba y Villabajo*.

Años más tarde comencé a descubrir algunos cineastas que dejaron una huella profunda en mí y despertaron el deseo de ahondar en sus reflexiones acerca del cine y de la vida. Su manera de decir a través de sus películas conectaba con algo muy íntimo de mi propio ser. Me refiero a autores como Kieslowski, Angelopoulos, Wenders, Antonioni, Tarkovsky... A través de ellos llegó la necesidad de entender qué es el cine y cuál es la función del arte. Comencé a atisbar la grandeza del arte cinematográfico como una gran aventura, un modo de pensar, de descubrir, y, sobre todo, de explorar en las profundidades del alma.

Mi proceso de aprendizaje

El aprendizaje teórico comenzó en la Facultad de Ciencias de la Información, donde cursé la carrera de Imagen. A través de algunas asignaturas como Narrativa Audiovisual, Estética o Realización, fui aproximándome a la complejidad del análisis cinematográfico desde diversos puntos de vista. La formación práctica se inició con mi trabajo, como parte del equipo técnico de dirección y producción en los rodajes. Primero, en series de Televisión Española que se rodaban entonces en formato cinematográfico y, a continuación, en largometrajes y cortometrajes, publicidad y programas televisivos de ficción.

Al terminar la carrera he procurado formarme de manera constante a través de cursos especializados. Entre las experiencias más gratificantes puedo señalar la beca que recibí para asistir al mítico taller *Cómo se cuenta un cuento*, impartido por Gabriel García Márquez en la Escuela Internacional de Cine de Cuba. Todo un regalo de la vida y un verdadero privilegio poder compartir aquellos días con uno de los grandes genios de la narración. Creo que esa Escuela es un lugar maravilloso, profundamente enriquecedor, en el que puedes aprender constantemente, ya que el cine ocupa todas las horas del día.

También destacaría el gran aprendizaje práctico experimentado gracias a la beca recibida para cursar el Taller de Dirección Cinematográfica en la New York

Film Academy (Nueva York). Por último, dos de los seminarios que más he disfrutado y que una vez más han abierto ventanas insospechadas a través de lecturas de películas han sido los encuentros con Krzysztoff Zanussi y José Luis Guerín. Son dos cineastas a los que admiro profundamente y con los que me siento en deuda por sus aportaciones durante ese breve tiempo en que pude aprender de sus diálogos didácticos con las películas que consideran más valiosas.

Los proyectos que me interesan

Particularmente prefiero las historias que exploran las relaciones humanas, los sentimientos que sirven para enriquecernos espiritualmente y que, de algún modo, iluminan la absurdidad trágica de la vida; esos relatos que nos muestran cómo hacen otras personas para confrontar con el gran enigma que es la existencia. En definitiva, el cine como intento de expresión del sentido de la vida, el cine que propone reflexiones sobre las cuestiones fundamentales y que nos conecta así, aunque sea fugazmente, con lo eterno.

En este sentido, tengo una especial conexión con el cine de Kieslowski, un cineasta que indaga en los misterios del alma humana a través de las relaciones que establecen las personas en su búsqueda del amor y de la libertad. Y su especial interés en aquello que considera lo más esencial de cada individuo: cómo arreglárselas con uno mismo. Admiro su manera de invitar al espectador a recorrer su propio camino de reflexión, a plantearse su manera de vivir.

Hasta el momento he dirigido dos cortometrajes cuyo guion no fue escrito por mí. Están relacionados con determinados hechos y personajes históricos, aunque ambos son ficciones. El segundo de ellos, *A golpe de tacón*, está basado en las vivencias de una mujer admirable, cuya valentía y pasión por la vida, y especialmente su generosidad, me cautivaron profundamente. Fue un proyecto complejo ya que está ambientado a principios de los años 60, durante las huelgas mineras asturianas, con todo lo que eso supone para una película. La recreación de otra época dificulta en gran medida las localizaciones, los decorados, el vestuario, el *atrezzo*. Todo se vuelve más complicado y especialmente en un cortometraje, donde por lo general las personas trabajan sin cobrar, regalándote su tiempo.

El tercer proyecto que tuve ocasión de dirigir, en este caso por encargo, y del que fui autora del guion por vez primera, es un documental sobre el mundo de la Formación Profesional, narrado a través de un día en la vida de cinco estudiantes. Supuso todo un descubrimiento de las diversas motivaciones e historias de vidas escondidas en las aulas de un instituto. Y una vez más me encontré con la bondad y la generosidad de aquellos a los que me acerqué para filmarlos.

A continuación abordé la adaptación de *Una vida inesperada*, una novela de Soledad Puértolas. Su lectura me produjo un gran impacto y despertó en mí el deseo inmediato de trasladarla al cine. Es un proyecto que aún no se ha rodado y espero lograrlo algún día. El proceso de escritura del tratamiento cinematográfico supuso un gran aprendizaje. Tuve la oportunidad de reflexionar acerca de las diferencias entre el lenguaje literario y el fílmico y de cómo mantener la esencia de la obra en esa transformación, a veces dolorosa y llena de renuncias, de fragmentos imprescindibles de la novela. Los meses que dediqué a este proyecto fueron realmente bellos, disfruté intensamente conviviendo con las palabras y el mundo narrativo de Soledad, por el que siento un gran interés y una admiración profunda.

Vives en y con tus personajes

Los proyectos cinematográficos van unidos a los diferentes momentos de la existencia. Mientras creas una película también la vives, y la película, a su vez, te transforma. Vives en tus personajes y haces que ellos vivan también parte de tus experiencias, aunque alteradas en la ficción. En palabras de mi admirada Soledad Puértolas: «Lo que uno piensa, lo que uno crea, es tan importante como lo que se vive». El campo cinematográfico te ofrece infinitas posibilidades para la creación.

Desde mi perspectiva de aprendiz de cineasta pienso que cada proyecto es diferente, lo concibo como un proceso de búsqueda, de descubrimiento, de experimentación, de indagación, y ahí reside para mí la magia del cine.

Por ejemplo, en mi cortometraje *A golpe de tacón,* tuve la inmensa fortuna de trabajar con profesionales como Luis San Narciso en la dirección del *casting* (y gracias a su generosidad con actrices y actores por los que siento una gran admiración: Lola Herrera, Cristina Marcos o Fernando Andina), María José Iglesias en el diseño del vestuario, Pelayo Gutiérrez en el montaje de sonido o Víctor Manuel, que compuso la canción que cierra el corto. El resultado fue un proceso de intenso aprendizaje. En este cortometraje traté de asegurar técnicamente la máxima calidad en todos los aspectos.

Por el contrario, podría poner el ejemplo del proyecto que rodé durante mi estancia en la New York Film Academy. Se trata de algo mucho más pequeño, que fue concebido, rodado y montado por mí, sin apenas ayuda. Es una especie de poema visual, sin diálogos ni narración estructurada. Un intento de aproximación a unos instantes de la vida, la búsqueda de un ritmo. En este sentido me interesa mucho la siguiente afirmación de Bresson: «Plegar el fondo a la forma y el sentido a los ritmos. Explorar esa necesidad del ritmo».

Sin embargo, el guion de largometraje de ficción que actualmente estoy desarrollando vuelve a requerir de un cuidado técnico especial, al estilo de mi segundo cortometraje, muy especialmente en la iluminación y la música y, en general, en todos los aspectos técnicos.

Es una película donde la atmósfera es muy importante y las escenas de danza cobran un protagonismo especial. También a través de la música se narra una parte fundamental de la historia.

Cada aspecto técnico es relevante y da forma a la película al integrarse con el resto. Como dice Kieslowski, los responsables de la dirección de fotografía, de la música, de la dirección artística, del vestuario... son coautores del filme puesto que sus aportaciones producen cambios en los elementos esenciales del mismo. Por eso es importante rodearse de personas que puedan aportarte algo, y escucharlos con calma. A través de esa colaboración la película se enriquece profundamente.

Pienso que, desde su singularidad, cada aventura cinematográfica hace que primen determinados aspectos sobre otros. Como dice Antonioni, otro de mis cineastas más admirados, «es preciso encontrar para cada película un lenguaje que tenga su originalidad. Y esto no tiene que ver solo con el modo de encuadrar o construir una secuencia, sino un poco con todo el 'material' del que uno se sirve en una película: la fotografía, el sonido, la música, los actores».

Planificar las secuencias

A la hora de afrontar un rodaje, siento la necesidad de una planificación bastante exacta de los planos que voy a rodar, sobre todo en los proyectos de ficción. El *storyboard* es un instrumento que ayuda a visualizar la película y a que el resto del equipo pueda acceder fácilmente a lo que tú has imaginado y así darle forma. Aunque siempre conviene dejar un cierto margen a lo que acontece en el rodaje, a la magia de esos «maravillosos azares que operan con precisión», en palabras del maestro Bresson. Dejar que en cierto modo la película se vaya revelando en el proceso de su construcción.

He experimentado como, en ocasiones, el *storyboard* que llevaba para determinada secuencia se mostró totalmente inservible, una vez situados los actores en el decorado, a pesar de los ensayos previos. Por ejemplo, en mi cortometraje *A golpe de tacón*, la secuencia del interrogatorio se transformó completamente en el rodaje. Nos dimos cuenta de que funcionaba mejor la cámara al hombro y era preferible centrarnos solo en dos de los tres personajes hasta prácticamente el final de la secuencia, en la que descubrimos al tercero observándolos. No estaba así planificado pero en el set, tras hacer un ensayo con los actores, vimos claro que ese era el movimiento que los ayudaba a transmitir lo que debían expresar. Esto me hizo reflexionar acerca del modo de trabajo de Antonioni. Él permanecía a solas en el lugar de rodaje media hora antes de comenzar, y entonces llamaba a los actores para realizar un ensayo. En ese momento se daba cuenta de si verdaderamente la escena pensada en la mesa de trabajo funcionaba o no.

Descubrí, a través de mi experiencia de rodajes, que pese a mi necesidad de llevarlo todo perfectamente definido y controlado, es muy importante dejarse impregnar por esa relación que se establece con el ambiente en el que se rueda y con las personas que participan en el rodaje.

Creo que cuando se planifica una secuencia, es fundamental ir a favor de ella, es decir, explorar todas sus posibilidades e ir añadiendo significados antes de pasar a otra. Esto lo aprendí del cineasta José Luis Guerín. Él reflexiona sobre la importancia de llegar al fondo de la secuencia, de concederle tiempo a los personajes para que se vayan revelando, no saltar de una cosa a otra sin desarrollar nada a fondo, algo que sucede habitualmente en gran parte del cine actual en el que existe un excesivo fraccionamiento.

La forma es el vehículo del cineasta para expresar sus ideas. El punto de vista adoptado muestra su actitud frente a lo que filma, su ética, la verdad que privilegia. Y esto se traduce en una serie de decisiones a través de la puesta en escena. En ella se define la relación con los personajes, el tratamiento del tiempo y del espacio, la disposición de los elementos o cómo se integran personaje y espacio. Se trata de buscar la composición más adecuada de la imagen para expresar aquello que deseas de la mejor forma posible. La ubicación de la cámara, su angulación, su movimiento, construyen la relación personaje-fondo y transforman según su elección, el significado de lo que el actor expresa. También marcan la distancia adoptada por el cineasta respecto al sujeto filmado. A mí me gusta estar muy cerca del personaje mediante primeros planos, los planos del rostro, que a través de la mirada, de las expresiones, a veces apenas perceptibles, significan y transmiten tanto acerca del sentimiento, de la emoción experimentada, que tratan de penetrar en el alma.

Las diferentes fases en la elaboración de un filme

Todas las fases de la elaboración son importantes. Para mí, la más dura, con diferencia, es la de rodaje, puesto que requiere una gran energía y estar sometido a una presión continua muy fuerte. La fase del montaje, en cambio, es solitaria, al igual que la de escritura de guion. Ambas las disfruto enormemente. En la sala de montaje es donde la película se construye por tercera vez, tras la escritura del guion y el rodaje. Estar a solas con las imágenes, lejos de la tensión que provoca el rodaje, te permite pensar de nuevo la historia, jugar con el material, encontrar nuevos significados. El montaje de sonido es todo un reto para encontrar ese parentesco del que habla Bresson entre imagen, sonido y silencio; lograr ese juego entre imágenes y sonidos que van construyendo significados en múltiples capas, esa especie de relevo entre imagen y sonido que configura la película como unidad. También, al igual que el rodaje, es una fase de renuncias: secuencias eliminadas porque no funcionan, para que la historia fluya mejor. A veces cuesta mucho aceptarlo, pero es así: el montaje te dice que no tienen cabida y han de quedar fuera. Otras veces descubres que te falta material. Eso me sucedió durante la edición del cortometraje *A golpe de tacón*. Para narrar la huelga del silencio que tuvo lugar en las minas asturianas, nos dimos cuenta de que la mejor forma sería a través de una secuencia de planos fijos de las distintas partes de un pozo completamente paralizado. Entonces, organizamos otra jornada de grabación para obtener este material. No siempre puedes permitirte hacer esto. En definitiva, durante el montaje se construye la película de nuevo.

El conocimiento de la narrativa cinematográfica

Es verdaderamente importante desde mi punto de vista conocer a fondo el lenguaje cinematográfico. A través de la forma, los cineastas expresamos nuestras ideas y privilegiamos un tipo de verdad. En este sentido, pienso que dialogar con las películas que admiras ayuda mucho en el proceso de aprendizaje. También leer a los autores de esos filmes, sus reflexiones, sus descubrimientos y métodos de trabajo, su evolución... Estos textos me parecen herramientas preciosas. Ese es el motivo de mi tesis doctoral: poder dedicar unos años a leer sobre las teorías de los grandes cineastas y la teoría de guion. Porque el guion es la pieza clave de toda narración, es el principio de todo, cuando el sueño comienza a hacerse realidad a través de las palabras en el papel. Es muy difícil escribir un buen guion, todo un arte que requiere de una técnica muy precisa. Y es una de las fases más importantes de todo el proceso cinematográfico. En él se invierten meses e incluso años de trabajo, creando todo el universo de la película, estableciendo la estructura narrativa y construyendo a los personajes. Es un proceso creativo apasionante. Trato de ir avanzando en un camino de interrelación entre la formación teórica, a través de mi tesis doctoral, y el desarrollo del proyecto de un largometraje, en el que ambos se van enriqueciendo y complementando, con el fin de lograr un desarrollo de la creación artística desde un nivel de exigencia mayor. En palabras de un prestigioso teórico del cine, Jacques Aumont, teorizar el cine significa pensar cómo representa el mundo, con qué veracidad o ausencia de ella y el modo en que modela los espíritus. En este sentido, creo que es esencial para un cineasta la formación integral, pues el cine es una forma de conocimiento, porque nos muestra una visión del mundo y nos enseña a pensar. El relato ofrece pautas de vida. Como dice Mckee, el teórico norteamericano de referencia en la enseñanza de guion a nivel mundial, las películas bien diseñadas narrativamente permiten descubrir mundos nuevos a la vez que iluminan nuestra realidad cotidiana. Nuestro deseo de historias refleja la profunda necesidad humana por comprender la vida. El objetivo es la conexión con el público, conmoverlo en lo más profundo a través de la identificación con sus emociones; así recibe la belleza del arte que incide en su alma y lo enriquece espiritualmente.

Como afirma Angelopoulos, el cine se justifica en el espectador cómplice que da sentido a la película, en ese camino de búsqueda de la belleza, solo cuando alguien se hechiza exactamente del mismo modo que el autor, cuando los ojos del director encuentran los ojos del espectador. Esa relación de miradas justifica la misma existencia de la obra.

Mi concepción del cine. Referencias

Creo que como el proceso de creación es una aventura, una manera de desentrañar la realidad y de aprehenderla, siempre existe un descubrimiento, una revelación, que puede ser más o menos trascendente en función de la mirada del cineasta que está detrás de la obra. Que sea novedosa e interesante depende del autor o autora, de su manera de ver el mundo, del tipo de verdad que privilegia o la actitud que adopta ante lo que filma, es decir, del pacto que establece con la realidad.

Existen directores a los que regreso a menudo para sumergirme una y otra vez en su cine y en sus reflexiones: Kieslowski, Angelopoulos, Wenders, Malick,

Ozu, Dreyer, Bresson o Rohmer. También Marguerite Duras, Erice, Saura, Antonioni, Godard, Rossellini, Cassavetes, Médem, Campanella.... Y, por supuesto, Chaplin y los grandes maestros del cine norteamericano, Capra, Hawks, Wyler, Lubitsch, Coppola y tantos otros. En este proceso de aprendizaje en el que me encuentro inmersa, voy encontrando nuevas películas y cineastas que me inspiran, como Daniel Burman, Carlos Sorín, Hou Hsiao Hsien, Béla Tarr, y he descubierto varias directoras como Naomi Kawase, Urszula Antoniak, Julie Bertuccelli, Marleen Gorris, Sarah Polley, Maya Deren, Andrea Arnold o Sofía Coppola. Su cine me proporciona ideas para el proyecto que estoy escribiendo, pues lo va transformando.

El cine es esencial para mí, es una pasión, un gran regalo de la vida. Me permite soñar y descubrir, elevarme por encima de la realidad e incluso, a veces, sentir que por un instante puedo acercarme fugazmente al misterio de la vida y hallar un cierto consuelo momentáneo en ese sentimiento mágico tan poderoso. No quisiera nunca tener que alejarme de él. Revela algo de lo profundo, de la esencia de las cosas: en la obra cinematográfica acontece alguna especie de verdad.

Los grandes cineastas han descrito el cine de maneras muy bellas, con las que me siento plenamente identificada. Es una forma de vivir para Antonioni, una forma de conocimiento del mundo, del prójimo y de uno mismo para Erice. Ser cineasta es un modo de pensar a través del que mostramos el compromiso de la cámara con el fragmento de mundo que filmamos, con nosotros mismos y con el cine, según Guerín; incluye una decisión moral, un contenido ético, en palabras de Kieslowski.

Para Tarkovsky, es una declaración de amor que refleja el verdadero sentido de la vida y para Angelopoulos un diálogo con la historia, en el que hablas del pasado para hablar del presente y, también, contigo mismo. Y esa aventura fílmica, en la que tratas de aportar una mirada personal, nueva, sobre la realidad, te transforma. El cine reúne todas las artes. Todo lo que me interesa y me conmueve puede expresarse a través del cine: la música, la danza, la poesía, la pintura...

El arte cinematográfico, con su vocación transformadora, convierte el mundo en algo mejor e ilumina nuestra realidad cotidiana. Nos hace más felices y, en definitiva, nos ayuda a vivir.

ALEXIA MUIÑOS

Nacida en La Coruña, estudia música en el Conservatorio Superior y se licencia en Químicas. Se forma como actriz y directora en distintas escuelas de Nueva York y Barcelona, donde actualmente trabaja en distintas facetas del mundo audiovisual, realizando además trabajos documentales y reportajes. Compagina su trabajo como directora y realizadora con asistencias a dirección y docencia. Es vicedirectora de la Asociación Europea de Mujeres en Audiovisual EWA NETWORK. Su estilo ha sido valorado como íntimo y muy personal, cercano a la expresión poética.
Como directora, su filmografía es la siguiente: *Pemontok esepetok*, documental en 3D, producción de Castro PC, agosto de 2014; *Noche transfigurada* primer largometraje producido por SF Producciones, Premio del Público en Milán, seleccionado en el KIN International Film Festival de Yerevan y Premis Tirant Valencia, Semana de Cine de Autor de Lugo, Muestra de Cine Europeo de Segovia, MUCES, Portobello Film Festival (Londres), Sguardi Altrove (Milán y Florencia), Broad Humour Film Festival (Los Ángeles-USA); *Ilusión*, seleccionado en Puerto Rico, Hayden Film NYC,19 Film Festival de Gerona, 9th WT OS Film Festival, Semana internacional de Cine de Ourense, Semana de Cine de Autor de Lugo, Alcorcón 2008, V Ciemcine de Ciempozuelos y Naoussa Film Festival EnREDO, Premio del Público en Certamen «ENCORTOS» (Viveiro), Premio del Jurado en Festival de Cine de Girona 2005, seleccionado en varios festivales internacionales, como Viena, México, Barcelona, Girona. Lugo, Cannes; *Medianoche*, drama romántico inspirado por la música de Bach, seleccionado en Bradford Film Festival, Premis Tirant, San Petersburgo, París, Colombia. Weiterstadt, Alemania, Cinema da Mare y Kenya; *Domingo por la mañana,* ganador del 6º Certamen Videominuto de Zaragoza y seleccionado en varios festivales (Roma, Cáceres, Girona, No Todo Film Fest) y NextgenTV Natpe; *Los Ángeles Infatuation*, seleccionado en 7º videominuto de Zaragoza, Clix Micromovie Portugal and Aarhau y Suiza. Actualmente trabaja en la preproducción de *Domestic Affairs*, una incursión en el género fantástico.

Todas las obras maestras que he visto desde que era niña me motivaron para hacer cine. Aunque me di cuenta de que no había grandes referentes de mujeres cineastas (en aquel momento, yo no conocía muchas directoras, aparte de Jane Campion e Isabel Coixet) y aunque pensara que es muy difícil hacer una película, no podía seguir soñando únicamente con hacerlas; tenía que llevar mis historias y mi manera de verlas a la pantalla. Las historias que no se hacen se pierden: era una necesidad fuerte, contar con las imágenes. No podía limitarme a leer sobre cine y ver películas, quería experimentar la parte creativa. Además me había interesado anteriormente la pintura, la música, el teatro, la danza, la escritura... Me puse a hacer cursos hasta decidirme a entrar en una escuela de cine: el (desaparecido) Centro d'Estudis Cinematogràfics de Catalunya, con Luis Aller, Michel Gaztambide, Guerín, Tomàs Pladevall, Xavi Puebla, entre otros profesores. Escuela que pagué —totalmente decidida a cambiar mi vida— con ahorros de mi trabajo como consultora en sistemas de información.

Creo que el objetivo que se busca al llevar una historia al cine es querer transmitir una emoción, un punto de vista, trasladar esa historia con un imaginario propio y sugerente, o los aspectos que más me interesen, a la cabeza del espectador. Contar algo que pueda ser interesante con unos personajes cotidianos y originales, que haga pensar. Cualquier proyecto puede ser interesante si hay una historia humana detrás, unos problemas con los que identificarse y ganas de apoyar al héroe o heroína, si se desarrolla una empatía potencial con el protagonista o con el tema.

La fuerza narrativa

En este sentido, todos los apartados son importantes para contar esa historia. Hay películas donde la fuerza narrativa recae en el diálogo. Otras cuyo diseño sonoro ha de ser muy fuerte. A mí me gusta mucho analizar los guiones pensando en los aspectos visuales de la historia, pero eso implica considerar encuadres, vestuario, fotografía, decorados y, a veces, también música, sin priorizar un aspecto sobre otros. Lo interesante de preparar un proyecto es desarrollar todos esos ámbitos. Incluso podemos definir un cambio de ánimo solo con el vestuario, ya que la ropa caracteriza a un personaje. La iluminación también nos ayuda a entender un estado de ánimo, todo es muy importante si está bien utilizado. Hay películas en las que la personificación del personaje es a través de la música (como en *Tiburón*), donde nos lo presentan en los títulos de crédito con ese *leitmotiv* conocido.

Estoy preparando una en la que la presentación de un personaje será a través de unos leds de colores y un sonido concreto. Sin duda, todos los elementos del lenguaje audiovisual son importantes.

En todo esto, el *storyboard* ayuda mucho para recrear la secuencia de planos, de manera aproximada a como se montarán. De este modo se visualiza la película para que el equipo de fotografía sepa cómo iluminar y colocar la cámara. También me gusta probar encuadres en el rodaje, si vamos bien de tiempo, e intentar no ser esclava del guion ni de los planos preconcebidos. Alguna vez el operador de cámara ha comentado una posibilidad, normalmente dada por la luz del momento o la localización, que no estaba en el *story* y hemos añadido al rodaje del día algún plano fabuloso: los exteriores siempre te sorprenden y amplían las posibilidades.

Para el documental que voy a rodar ahora, no he trabajado mucho el *story*, aunque sí el concepto y estilo. Visualmente lo acabaremos de encajar cuando lleguemos a la localización y nos dejemos influir por el espacio y los protagonistas.

El punto de vista

Decía Lubitsch que «hay mil maneras de encuadrar, pero en realidad solo hay una», y esta es la manera coherente con el punto de vista que queremos dar. El punto de vista es fundamental en cualquier obra. Es la posición del autor, pero a la vez hay que respetar a los personajes y su evolución.

Según los ángulos y posiciones de cámara que elijamos, podemos contar distintas historias con el mismo guion. Salirnos del punto de vista «del ojo», es decir, de la altura de la vista, nos llevaría a exponer que en la escena sucede algo fuera de lo normal.

Picado y contrapicado pueden tener funciones narrativas o expresivas, pero esa decisión tiene que ver con el concepto de toda la secuencia y su relación con otras de la película, y cómo queramos extrañar o no al espectador con esa elección. Realizo distintos puntos de vista si creo que es adecuado para la secuencia y la historia en algún momento. La narrativa nos lleva a romper o no el punto de vista. No es una decisión arbitraria, es estilo.

Normalmente, trabajo con una cámara y sé cómo voy a montar la secuencia, por lo que ruedo tal como voy a montar, aunque siempre me cubro con un plano máster. Si tuviera que rodar una secuencia de acción, de explosiones o de algo difícilmente repetible, obviamente usaría varias cámaras.

Para mi próxima película tenemos que rodar el aterrizaje de un avión Hércules en 3D. Por supuesto que usaremos varias cámaras ya que no podemos repetir el aterrizaje: ha de quedar bien a la primera.

«Sin deseo, no somos nada»

El montaje y postproducción llevan mucho tiempo, se experimentan cosas y la edición es muy laboriosa. Se visiona todo el material, se seleccionan las mejores tomas y hay que decidir con cual nos quedamos; para mí, en las que el actor esté sublime, aunque haya algún «pero» a nivel técnico. A veces está mejor en otra toma en la que su dicción, entonación o gesto no es tan bueno. Es el eterno drama, decidir. Normalmente me inclino por escoger dentro de unos parámetros técnicos correctos la toma donde el actor está más expresivo.

He editado la imagen de algunas de mis películas, no el audio. Creo que es fundamental estar muy presente en el montaje para definir la película y que no se convierta en algo distinto a lo planeado, aunque no dejes muchas opciones, según el estilo que tengas al rodar.

Como hasta el momento no he rodado películas de gran presupuesto, he podido controlar todos los aspectos, desde el guion hasta el rodaje y la postproducción. He sido montadora de mi primer largo, porque me gusta mucho poder controlar todos los aspectos creativos del filme. En grandes producciones, intervienen varios guionistas y, muchas veces, varios editores, con lo cual se pierde algo del control creativo. Pero es obvio que tendrás mucho material si ruedas durante mucho tiempo, como Terrence Malick: es imposible que una persona sola pueda proponer el primer *rough cut* del montaje.

Para llevar una historia a la gran pantalla, basta con amarla y conseguir que haya suficientes inversores que amen del mismo modo tu visión de esa historia. De alguna manera, desear hacer esa película sería la primera condición para ponerse detrás de la cámara. Sin duda, si no amas una historia no te metes en ningún proyecto: sin deseo no somos nada.

Me gusta escribir pero también me apasiono por ideas de otros y, si es factible, me muevo para intentar conseguir los derechos y hacerlas. Mi siguiente proyecto de ficción no es un argumento mío, pero la película sí tendrá mi estilo, o eso intentaré.

La Filmoteca de La Coruña, el CGAI

La gramática cinematográfica es la base de un cine honesto con el espectador. Hay unas formas que no se pueden obviar. Cuando las dominas, es en el momento en el que se puede innovar, cuando te sientes libre para hacer algo no académico y considerar que los espectadores lo van a entender igualmente.

La gramática cinematográfica es imprescindible, es el lenguaje del cine. No se aprende en los libros: se aprende viendo y analizando películas, y luego probando cosas, rodando.

Yo he sido espectadora antes que directora o actriz. Desde que vi *Fantasía* quedé fascinada por la magia que se dio en la sala oscura. Me aficioné a John Ford, Hawks, Walsh, Hitchcock, Minnelli y Lang viendo la tele. Afortunadamente, cuando yo era pequeña, los sábados por la tarde daban buenas películas de vaqueros, aventuras, comedias y musicales. En la sesión de noche, proyectaban a Scorsese, Aldrich, Fuller, Tourneur, Ophüls... ¿Cómo no aficionarse? Gran época para la tele la etapa Miró: ¡cuántos ciclos excelentes dedicados a directores y a actores! Grababa todas las películas en versión original que emitían a partir de la una de la madrugada. El cine más independiente lo conocí luego, en la pequeña «filmoteca» de La Coruña (CGAI) y en el extinto Valle-Inclán, un cine de programación de autor. Allí vi *Delicatessen* y alguna de Hal Hartley, el primer Kenneth Branagh... El añorado cine que luego fue una discoteca y supongo que ahora será un bazar chino. Qué lástima, las salas que frecuentaba ahora son franquicias de ropa, comida o bancos. Creo importantísimo que se mantenga la red de filmotecas, que comparten ciclos de programación, porque el cine donde hay que verlo es en pantalla grande, a oscuras y en silencio.

Me ha sorprendido comprobar que en muchas escuelas de cine los alumnos no han visto demasiadas películas. Parece como que no les gustara conocer las obras de los grandes directores. Es imprescindible saber qué se ha hecho anteriormente. Chaplin, Ford, Murnau, Griffith, Ozu, Lang, Bergman, Hitchcock... Ellos han creado precisamente esa gramática, aun siendo directores de diferentes procedencias y con influencias muy distintas. He detectado también cierta pereza en revisar las obras mudas o en blanco y negro. En cambio, los alumnos más mayorcitos o los que se pagan ellos los estudios y realizan su segunda carrera, esos sí han visto cine y se muestran más interesados para trabajar.

Me encanta la docencia. Alguna vez he realizado talleres para jóvenes —lo cual es fascinante, porque tienen muchas ganas por rodar y estar ante la cámara— y adultos en escuelas de cine.

Construir paulatinamente el personaje

La dirección de actores es piedra de toque fundamental. Hay directores que odian trabajar con actores y prefieren la animación. O desprecian a quienes nos «prestan» su cuerpo y voz para construir nuestros personajes. A mí me emociona ver cómo los diálogos cobran vida y matices según lo que el actor pueda aportar.

Una vez que el *casting* está decidido, hablo con el actor del personaje y le dejo que lo madure o pueda componer su idea según las indicaciones del guion y nuestra conversación.

En algunas escenas, quiero que los actores sean absolutamente precisos con el guion y con las indicaciones dadas sobre sus movimientos y desplazamientos, aunque a algunos les pueda parecer poco orgánico o raro. A veces, el cine no es natural, hay que adoptar posturas raras para conseguir un efecto en cámara. Tampoco se rueda por orden cronológico, lo cual no ayuda al desarrollo emocional, pero el actor ha de confiar absolutamente en el director; eso es fundamental. Cuando se hace el *casting* se ha de constatar que el actor se deja dirigir y que confía, además de poder entender y aportar matices al personaje. En otros momentos, sí se puede improvisar o aportar cosas propias, depende de la escena, aunque esta, normalmente, se alarga más de lo previsto. Al final es posible que no puedas usarla porque es muy larga, aunque te encante la toma y cómo se ha llevado. Yo normalmente no niego nunca al actor otra toma si él cree que puede dar ese algo más.

Hay muchas teorías sobre la interpretación y por ende sobre la dirección. Es fundamental entender las motivaciones del personaje, comprender por qué hace lo que hace, de dónde viene. Pero a la vez, tanto conocimiento del personaje puede anticipar acciones o emociones, y eso sería muy grave. Entiendo a Pollack, Mamet y a otros que simplifican la construcción del personaje (ojo, por parte del actor), encaminada más a hacer y decir «con verdad», sin anticipar, sin implementar ni aportar más detalles. Creo que un punto medio es lo correcto y, sobre todo, saber cómo trabajar con cada persona. A mí me puede gustar que el actor aporte, siempre que no modifique lo esencial, lo que yo quiero transmitir del personaje.

Necesito que haya una relación de confianza con los actores; no quiero hacerlos sufrir, sino que confíen en mí como yo lo he hecho al seleccionarlos. Es muy difícil a veces hacer el *casting*, pues hay compromisos y necesidades de producción que imperan sobre la predilección del director sobre uno u otro.

Me gustaría dirigir a muchos a los que ya no podré: Cary Grant, Katharine Hepburn...; de los contemporáneos, me encantaría hacerlo con Maribel Verdú, Carmen Maura. Y, puestos a soñar, a Johnny Depp, aunque por ahora no tengo ningún personaje para él y sí para James Franco.

Escenas pico y de transición

Insuflar vida a una escena es animarla, ponerle detalles que la hagan real, humana y, si procede, emotiva. Por ejemplo, un plano detalle con objetos del *atrezzo* que han sido importantes para los protagonistas, que nos evocan nostalgia o aportan significado. Los objetos construyen la película, a veces narrativa y a veces expresivamente. Ford o Hitchcock eran maestros en eso.

Luego, a la hora de rodar, cada uno tiene su estilo y remarca situaciones o emociones diferentes. Yo trabajo las escenas dentro del conjunto de la película, pensando cuáles son las expectativas de esa escena: si ha de ser un momento culminante, una escena más narrativa, de transición, poética, de encuentro del personaje consigo mismo o instrospectiva. Tengo en mente el *speech* que en *The Bad and the Beautiful* el «director» le dice a Kirk Douglas «productor»: que no todas las escenas pueden ser un pico, que son necesarias las de transición para que otras supongan una culminación y destaquen entre las demás, ya que la película sería un fracaso si entiende todas las escenas como fin de acto.

Tengo un proyecto en el que me gustaría experimentar y liberarme un poco de la producción, y probar a trabajar con mayor improvisación, en la estela de Fassbinder o Casavettes. Básicamente consistiría en dar más libertad a los actores para moverse, rodar con dos unidades, dejar fluir la escena e iluminarla dramáticamente solo en algún momento.

Todos los elementos de una obra audiovisual nos permiten evolucionar, crecer e innovar. Quizá dentro de poco, la película interaccione individualmente con los espectadores, aprovechando la tecnología, la realidad aumentada, el 3D, etc.: serán maneras de volver a atraer al espectador perdido. Espero que sí, que quede mucho bajo el sol y la luna por ver.

El peso de la cultura en el PIB

Las grandes películas te pueden conmover o inspirar para adaptar esos temas o reflexionar sobre una frase, una situación, y desde ahí continuar. Luego están los grandes, que son innovadores formalmente: de esos se aprende siempre. Así sucede con los clásicos, como Ford, Hawks, Walsh, Hitchcock, Lang, Chaplin, Ray, Visconti, Bergman, Rohmer; y los clásicos modernos, como Godard, que es lo más innovador que hay en la actualidad. De los más contemporáneos, me gustan Wong Kar-wai, Linklater, Hal Hartley, Jean-Marc Vallée, Lucía Puenzo; últimamente he descubierto a Sarah Polley y estoy entusiasmada.

Hacer cine es expresarse con imágenes: a eso no se puede renunciar. Otra cosa es que sea posible a corto o medio plazo llevar esas historias a una película de 90 minutos y que esta se estrene en sala. Eso ya es un trabajo de años, para el que hay que estar muy segura de que sea realmente lo que quieres hacer, porque es mucha inversión de tiempo y dinero. Ahora tenemos un problema grande en España para producir con los medios adecuados y que la producción llegue a buen puerto, porque hay una desafección por parte del público y muchas dificultades para la exhibición.

Hasta que un gobierno no se dé cuenta del porcentaje del PIB que supone la industria cultural, como se han dado cuenta en Islandia o en la Unión Europea (4,6% del PIB viene del Audiovisual), seguiremos proscritos en las ayudas y marginados cada vez más, hasta renunciar a la creación por agotamiento o pobreza. Pero nunca podremos dejar de imaginar historias y hacerlas, aunque sea con una cámara DLSR. Yo recuerdo cada día la frase de Mischa Maisky, un violonchelista de fama mundial, que me dijo: «No importa cuando has empezado, somos principiantes toda la vida en el afán por perfeccionar nuestro arte».

ADRIANA HOYOS

Ha vivido a medio camino entre Latinoamérica y Europa. Nace en Bogotá, en el seno de una familia de músicos, y pronto se inicia en el arte del violín. Con once años se traslada a Sabadell, Barcelona, donde lee a Lorca, Neruda y autores más vanguardistas como Gimferrer, Mallarmé o Eliot. Ya mayor de edad, vuelve a Bogotá y se hospeda durante algún tiempo en un pequeño hotel del centro histórico y bohemio de la ciudad, mientras forma parte de la Orquesta Sinfónica Juvenil y sobrevive como docente de violín. Asiste a cursos de literatura en la Universidad Javeriana, pero el caos capitalino y la nostalgia la reconducen a España.
Estudia Dirección de cine en el Centro de Estudios Cinematográficos de Cataluña y cursa seminarios de guion y documental con los profesores Patricio Guzmán, Ricardo Íscar o Joaquim Jordá.
Dirige los siguientes cortometrajes: *Elegía*, (1998, ficción, 9, Betacam); *Hotel Santa Fe* (2001, ficción, 14', 16mm), ambos seleccionados en el Festival Internacional de Sitges, en el Festival Iberoamericano de Cine de Brasil, en la Semana de Cine Experimental de Madrid y en el Chroma de México; *Beneyto desdoblándose* (2010, ficción, 30', HD), subvencionado por el Instituto de Cinematografía y Artes Audiovisuales ICAA. Seleccionado en Ankara International Film Festival 2012, FICA Festival Internacional de Creación Audiovisual y 13ª Muestra Internacional de Documental, Bogotá 2011.
Se instala en Madrid en el año 2000, donde produce más de un centenar de spots y funda la productora La Huella del Gato, S.L., dedicada al desarrollo de proyectos cinematográficos y a la producción de documentales, publicidad, videoclips y promocionales para diversas televisiones.
Dirige desde sus inicios el Festival Visual Cine Novísimo, que en sus casi catorce años de trayectoria se ha consolidado como la plataforma de exhibición y promoción de la creación audiovisual de vanguardia más importante en la Comunidad de Madrid y una de las más relevantes de España.
Ha publicado los libros *La torre sumergida* (March Editor, 2009) y *La mirada desobediente* (Devenir Editores, 2013), y diversos artículos en revistas de América Latina y Europa (Barcarola, Aleph, Aurora Boreal, Ómnibus y revista de la Universidad de Antioquia).
Actualmente es Directora de Comunicación de CIMA (Asociación de Mujeres Cineastas y de Medios Audiovisuales) y miembro de la ACEC (Asociación Colegial de Escritores de Cataluña).

No concibo el mundo compartimentado, especializado, ni fragmentado. Todo está conectado, de una forma u otra. A pesar de haber dedicado tiempo a oficios que no tienen aparentemente nada que ver con el cine, todo ha sido fundamental en mi formación. He recalado en lugares distintos, haciendo más lento el viaje, quizá para ir enfocando mejor y más nítidamente el objetivo.

A los siete años aprendí las primeras piezas de violín bajo la observación de mi padre, músico y pedagogo. A los doce me trasladé a España y me eduqué en la disciplina y el amor al estudio con mi tío paterno, destacado oftalmólogo. Digamos que, por un lado, se desarrolló la pasión por lo artístico y, por otra parte, la curiosidad por lo científico.

La música me llevó al poema. La imagen poética, al ojo. Y del ojo, que se prolonga a través del objetivo, caí en el cine.

Años más tarde comencé a trabajar como técnico ocular y como editora de películas de cirugía ocular.

Fue entonces cuando decidí estudiar dirección de cine en el Centro de Estudios Cinematográficos de Barcelona. Dirigí mis primeros cortometrajes como *Elegía* y *Hotel Santa Fe.*

La imagen cinematográfica al contrario que la palabra no nombra, no designa, pero sí muestra. El cine tiene su propio lenguaje. Es un arte que, siendo único, aúna de alguna manera todo lo que me gusta.

Lo que te pida la obra

Me atraen las historias que me dejan boquiabierta, extasiada, que me tocan o arrebatan, que me invitan a sentir, reflexionar o discutir. Que me abren puertas o que llegan directas al alma.

Aunque depende del tipo de obra que hagamos, todo es significativo para que el conjunto salga bien. La dirección de actores, los intérpretes, un buen montaje y un buen guion son fundamentales en el caso de una ficción.

Si hablamos de un documental, lo mejor es tener un buen personaje para captar el momento sin perder un minuto en otras cosas. Hay que adaptarse, abrirte a lo que te pida la obra. Intelectualizar demasiado no sirve, hay que sentir lo que hacemos, en lugar de racionalizar todo el tiempo y explicar en demasía.

Ajustarme con precisión, ceñirme por completo a algo predeterminado, me temo que no es lo mío. Eso sí, es importante tener una guía —como la palabra indica— que es el guion, pero hay cosas que suceden de repente y que hay que cogerlas al vuelo o renunciar a ellas. Por ejemplo, cuando rodé *Beneyto desdoblándose* cayó una nevada y tuve la suerte de poder captarla, fue un elemento que me ayudó a hablar de Alejandra Pizarnik. Me trajo enseguida a la memoria una imagen que evocaba un poema suyo: «Alejandra/ Alejandra/ Debajo estoy yo/ Alejandra».

Creo que las causalidades y el azar son maravillosas cuando fluyen y nos ayudan a componer la obra.

Lenguaje cinematográfico

Cuando decidimos los movimientos de cámara o escogemos los encuadres, el tipo de planos, los picados o contrapicados, la música y el tipo de fotografía, creamos un lenguaje en función de la capacidad narrativa de la historia.

Particularmente me interesa mucho el rostro humano; lo que se dice a través del gesto, de la mirada, lo que se comunica de manera tácita, aquello que se sugiere. Ejemplo de esto serían las películas de Bergman, Dreyer o Wong Kar-wai. También me atrae el juego de la palabra, el discurso inteligente, la magia de la conversación, como en el Louis Malle de *Vania en la calle 42* o en Eric Rohmer en *Mi noche con Maud*. En definitiva, me gustan los diálogos y lo que no se dice, pero se ve: el paisaje, crear atmósferas. Apartarme de la realidad tal como la vivimos. En ese sentido me emociona el cuidado estético de Wonk Kar-wai.

El montaje, armar el rompecabezas

En el montaje se construye la película, se arma el «puzzle», cobra sentido la obra a través de cómo se van situando los planos. Aquí está la clave y el ritmo. Cada plano crece o destila de manera distinta dependiendo de su contacto con los otros planos. Es como la palabra justa en el poema. Y dependiendo de su contigüidad con otras palabras, va a darnos un significado u otro o nos va a llevar a una experiencia estética determinada.

Debes supervisar todas y cada una de las fases. Desde la preproducción con el *casting*, las localizaciones, hasta el montaje, la música, todo. Tener una conexión y un profundo entendimiento con la dirección de fotografía, de arte. Percibir la música que ayudará a las imágenes a expresar lo que queremos. Lo primordial es rodearte bien, confiar en tu equipo y tener un guion que te apasione. No veo que sea fundamental que lo escribas tú. Sin embargo, lo que he dirigido hasta ahora lo he escrito yo.

Aportación de los actores al personaje

En los actores busco sencillez, disciplina, empatía: alguien que sepa, conozca y sienta su oficio. Siempre me ha gustado escuchar a los demás e incorporar las buenas ideas, pero a la vez hay que arriesgarse y tomar decisiones. Ese convencimiento de que solo yo tengo razón, no me lo creo. Pero llega un momento en el que eres tú quien debe decidir, sin más criterios, ni otras consideraciones.

El aprendizaje debe ser permanente. Cuanto más conozcas, estudies, veas y sobre todo sientas o intuyas, mejor. Compartir conocimientos, experiencias es enriquecedor, te ayuda no solo a enseñar, sino a aprender. Siempre que me ha tocado impartir clases, he notado que aprendía mucho. Luego, si las escuelas sirven o crean directores, es ya otro tema.

Originalidad

Pienso que los temas que nos preocupan son siempre los mismos, lo que importa es cómo los abordes. La preocupación por el amor puede ser expresada de infinitas maneras y eso es lo que me interesa; esa visión especial que cada uno puede aportar, esa riqueza sutil y subjetiva, ese punto de vista particular para contar lo que aparentemente no es en absoluto original, pero tú vuelves único. Ese es el reto.

Referentes cinematográficos

Empecé a interesarme por el cine en mi adolescencia con Fassbinder y Herzog. Recuerdo perfectamente la primera vez que vi *El matrimonio de María Braun*, *Querelle, La ley del más fuerte* o *La ansiedad de Veronika Voss*. Por esa misma época vi *Aguirre, La cólera de dios, Nosferatu, Woyzek* y *El enigma de Kaspar Hauser*. Quedé fascinada con Klaus Kinsky y con Hanna a Schygulla.

Luego fui descubriendo a Bergman, Fellini, Antonioni, Passolini, Visconti. Vitorio de Sica, Truffaut, Chabrol, Godard, Cassavettes, Wenders, Tarkovsky, Mizogouchi, Vigo, Kurosowa, Aki Kaurismaki, Buñuel, Scorsese, Coppola, Woody Allen, Jarmush, Wong Kar-wai...

Menos del 10% de mujeres

Además del cine me apasiona la escritura, en ella tengo libertad. Inicialmente solo necesito papel y lápiz.

Tras el cine hay una maquinaria económica muy fuerte, dependes de mucha gente. Al fin y al cabo es un trabajo en equipo. Pero justamente ahí reside parte del encanto y el gran desafío. Lo más difícil es conseguir la financiación para realizar la película, promocionarla, exhibirla y que se distribuya. Hoy más que nunca, hay que mantener la ilusión de rodar. Es una batalla muy dura, entre otras cosas porque las mujeres seguimos siendo minoría: menos del 10% han podido dirigir su película en los últimos años en España. Este dato no deja de sorprender, pero hay que afrontarlo. Necesitamos tener referentes, crearlos y sobre todo creer en nosotras. Así que seguiremos en el empeño. Cada vez que he tenido la oportunidad de rodar he sido profundamente feliz.

ÁUREA
MARTÍNEZ

En 1989 comienza a trabajar como ayudante de dirección. Poco después es cofundadora de la productora Chomón Cinematógrafos. Entre sus producciones: una serie documental de 13 capítulos titulada *Aljama*, rodada en Marruecos, un *book* de localizaciones para Producciones Cinematográficas, así como *services* para producciones nacionales e internacionales, como *La conquista del paraíso*, dirigida por Ridley Scott.
Ha escrito la serie de televisión *Vientos de agua*, dirigida por Juan José Campanella, galardonada por la Academia de Televisión Argentina con el Premio Martín Fierro al mejor guion.
Su trayectoria como directora incluye trabajos tanto de ficción como documentales y videoarte.
Dirige varios largometrajes documentales de temática social, etnográfica, sobre cómo las prácticas artísticas ayudan a la integración y la cohesión social, entre ellos *Gente con Gancho* (presentado en el primer Festival de cine Iberoamericano, realizado por mujeres de El Cairo).
Cortometrajes: *Cinco Ganador, Cuidadores, Las Constituyentes, Gozos y Pozos.*
Como video-artista presenta en la Fundación Lázaro Galdiano, junto a Montserrat Soto, una instalación sobre un episodio en la vida de Goya en el que reclama que la libertad debe acompañar a los procesos creativos.
Como docente imparte talleres de guion y dirección de proyectos, entre ellos los *Cortometrajes por la Igualdad* para la prevención de la violencia de género en adolescentes; y el COLAB-JARTUM, un laboratorio de proyectos colaborativos interdisciplinares, realizado en Sudán, en el contexto del European Film Festival 11, en colaboración con el Medialab-Prado de Madrid.

Mi trayectoria profesional comienza en 1989 en Zaragoza, como ayudante de dirección en una productora de series y programas de televisión ubicada en un antiguo cine. El equipo lo formábamos un grupo de entusiastas, liderados por Félix Zapatero, el infatigable director, de quien aprendimos mucho y nos contagió su pasión por la profesión.

De aquella primera etapa, de aquella experiencia vital, conservo el amor por el trabajo en equipo; me gusta crear proyectos conjuntamente y llevarlos a cabo.

Al poco tiempo cofundé Chomón Cinematógrafos, mi primera productora. Desde ella produjimos muchos documentales, un *book* de localizaciones para cine, hacíamos *services* para producciones nacionales e internacionales, videoclips y lo que se nos pusiera por delante. Fue una etapa de mucha actividad en la que, además de producir, documentaba, editaba y ayudaba con la iluminación y el sonido. Mucha furgoneta, mucho viaje, muchas batallas y muchas ganas. Me curtí bien.

Me gusta el formato documental, es una poderosa arma de información, de denuncia, valiente y testimonial, que puede atraer conciencias, generar compromisos, ser un fiel reflejo de los problemas e inquietudes que asedian al ser humano, de las dificultades a las que se enfrenta y de su capacidad de superación; puede ser la mirada crítica que nos haga reflexionar y nos ayude a avanzar convirtiéndonos en atentos observadores, haciéndonos más conscientes y responsables de lo que pasa a nuestro alrededor.

Siento un especial cariño por *Gente con Gancho,* un trabajo sobre el barrio de San Pablo, el lugar más degradado de todo Aragón, conocido popularmente como El Gancho y ubicado en el casco histórico de Zaragoza, que, durante décadas, sufrió la discriminación, las peores consecuencias de la droga, la prostitución, la pobreza, y donde conviven 61 nacionalidades distintas. El documental ayudó a visibilizar las causas y dignificar a sus vecinos.

En 1998 me trasladé a Madrid, donde continué trabajando de ayudante de dirección. La primera que me brindó la posibilidad fue Chus Gutiérrez, después Joan Potau, Emilio Martínez-Lázaro y Jaime Botella. De todos aprendí y con todos ellos me divertí. Compartir las diferentes maneras de dirigir de cada uno, ver cómo afrontan la película y cómo la capitanean fue muy interesante. Vivíamos años de mucho trabajo, se rodaban bastantes películas, era una alegría. Tengo muy buen recuerdo de esos incesantes rodajes con unos equipos llenos de gente estupenda; mucha traca, que compaginaba con la dirección de algún cortometraje y la escritura de guiones.

El humor cataliza la tragedia

Mi verdadera pasión es crear historias. Construir relatos es una necesidad vital, y el motor que me impulsa es la búsqueda de respuestas a mis propias preguntas, a la vez que supone una maravillosa distracción para mi natural querencia a percibir la vida desde un sentimiento trágico. Supongo que por eso busco el humor en lo que escribo, para escapar de ese dramatismo; reír de lo que nos hace sufrir es liberador. Personalmente lo agradezco infinito y me afano en encontrarlo y ponerlo, aunque sea en una briznita, en cada proyecto que lo permite.

No en todos puede ser. En una ocasión, hice una campaña de anuncios para televisión, que trataba sobre el reparto de las tareas domésticas en igualdad. Pensé que la mejor manera de que calara, de que no pasara desapercibido, era que el espectador se riera al sentirse identificado. Esa risa delata un reconocimiento. Evidentemente, no todo se puede hacer con humor. Por ejemplo, si la campaña hubiera sido contra el maltrato, sería impensable, es un tema demasiado serio. Pero sí es saludable echarle humor cuando lo que se cuestiona es quién limpia el váter.

Como fabuladora, siento una atracción irresistible por el juego que se establece entre la realidad, la ficción y la manera que cada uno tenemos de entender ambos mundos. ¿Cuántas veces coinciden? ¿Cuánto pueden llegar a aproximarse o distanciarse? Es un tema que me fascina y en el que reincido inconscientemente. ¿Por qué llamamos irreal al mundo que conmueve profundamente nuestro pensamiento y nuestros sentimientos y que, en definitiva, provoca nuestra felicidad o desgracia? ¿Y hasta qué punto es real un mundo que, a pesar de que vivimos inmersos en él, nos negamos a reconocer?

Me gustan las historias, las reales y las inventadas. Me gusta plasmar en la ficción un punto de conexión con la realidad o impregnar la realidad de inquietudes para conmover; hacer visibles historias sin pretender llegar a ninguna verdad absoluta, sino provocar dudas y generar emociones; crear un paisaje donde el espectador se haga preguntas y encuentre algo; conseguir que experimente una emoción en su propia persona y que le lleve a la reflexión y, a ser posible, no a una reflexión sobre la historia sino sobre sí mismo.

Utilizar la brújula

Los temas siempre son los mismos. Seguimos dando vueltas a los asuntos que nos mueven a la compasión y al espanto, a las motivaciones y los miedos que nos llevan a comportarnos de una manera u otra. La cuestión está en encontrar un punto de vista diferente sobre las cuestiones de siempre.

Me interesan todo tipo de proyectos, documentales, ficción, teatro, cine, televisión, videoarte..., cualquier formato es válido si la idea, la esencia de lo que se quiere contar, resulta interesante. Esa esencia es la chispa generadora de la propuesta. Yo lo llamo la brújula, el «Norte» al que recurrir cuando te despistas en el largo camino que supone la construcción de una obra. Es lo único que no puedes cambiar a lo largo de todo el proceso: esa idea o concepto esencial que quieres trasmitir y que debe estar clara desde antes de empezar a escribir el guion hasta la mezcla final.

En el fondo, lo que busco al contar historias es conmover, que el espectador, después de ver la película, la video-instalación o lo que sea, no se vaya igual que llegó. Plantear una pregunta y una inquietud que le estimule a buscar la respuesta.

Tuve la suerte de escribir una serie de trece capítulos con Juan José Campanella. El «culpable» de nuestro encuentro fue Eduardo Blanco, magnífico actor y querido amigo que le dio a leer un guion mío. Le gustó y me fui a Buenos Aires a trabajar con él. Fue una experiencia *bárbara*, que dirían ellos.

Era la primera vez que escribía en equipo, hasta entonces siempre había sido una actividad solitaria, no sabía cómo escribir con otros. El equipo lo formábamos cinco guionistas, incluida la coordinadora, Aída

Bortnik, una guionista respetada internacionalmente, con dos nominaciones y un Óscar a películas con guiones suyos. Aída era una mujer de fuerte carácter, irónica, muy inteligente, con un criterio implacable y cuya sola presencia imponía. Maravillosamente no me mandó de vuelta a España de un bufido, conectamos enseguida y tuve la inmensa fortuna de no solo aprender mucho profesionalmente, sino también de disfrutar de su amistad hasta que falleció hace pocos meses. Siempre recordaré y echaré de menos las conversaciones con ella, «tertuliábamos» sobre cualquier tema y siempre era interesante, siempre. En algún momento de la conversación, soltaba algo que, por una razón u otra, te dejaba cavilando. Para mí eso es un tesoro. Me siento muy privilegiada por haber disfrutado de la ternura de semejante fiera.

Aprecio mucho *Vientos de agua*. No es una serie de televisión al uso, que te presenta el problema, te lo resuelve sin pedirte nada y te deja como estabas. Creo que tiene cosas que te pueden convulsionar e interesarte en algún sentido.

Planificar el rodaje, imprescindible

Para mí siempre es el personaje, y no la trama, quien genera la historia, su viaje interior, el recorrido emocional y los conflictos vivenciales por los que atraviesa. Y quien definitivamente insufla vida a todo eso son los actores. ¡Qué maravilla trabajar con ellos y qué difícil la elección! Acertar, esa es la cuestión. Puede ser un actor magnífico y no ser el adecuado. La intuición es importante. Conocer bien la esencia del personaje, esa criatura que hasta ahora solo está en tu imaginación, y saber ver si ese actor o actriz da lo que buscas.

Junto con la escritura, el trabajo con los actores es lo que más disfruto. Generar la atmósfera y las relaciones entre los personajes, buscar juntos, probar, arriesgarse. Es apasionante.

Me gusta mucho el trabajo en equipo, tanto con los actores como con los diferentes departamentos. Disfruto enormemente de la etapa de los bocetos, los garabatos, las búsquedas, lo que encuentras en el camino, las pruebas, las lecturas de guion, la aportación de todos y cada uno, los ensayos, la actividad conjunta en definitiva: con todo ello gozo «cual gorrinillo en un patatar».

Para mí la técnica tiene que ir en función de lo que se quiere contar, y los movimientos de cámara estar integrados en la acción de la escena. No me interesa demasiado el virtuosismo a la hora de mover la cámara. La invisibilidad de la cámara también tiene su fuerza.

Lo que me resulta imprescindible es la planificación del rodaje; saber dónde colocar la cámara y desde qué punto de vista contar la historia no es tarea fácil, puede cambiar el sentido de la escena y es algo que me cuesta decidir.

En cada trabajo es distinto. Ahora estoy con un proyecto en el que quiero ver la historia desde la subjetividad de los personajes, que la percepción del espectador coincida con la de ellos, que compartan la dificultad de comprender lo que sucede, que caigan en los mismos errores de percepción e interpretación que los protagonistas de la historia. Un juego complicado que planteo hasta el final. Lo difícil es articular esa narración con el punto de vista de la cámara: la mirada del director. Decidir cómo lo narras, cómo vas a expresar visualmente lo que sucede, a través de qué lo vas a mostrar. Los procesos de creación son muy importantes, para mí tienen mucho valor en sí mismos, al margen del resultado y del objetivo concreto que se persiga.

«Enamorá de la vida»

Un buen sonido es fundamental. Es una de las pocas razones por las que puedo abandonar una sala de cine y dejar la película a medias, no soporto que se oiga mal, que haya que hacer esfuerzos para escuchar o que sea ininteligible por momentos: ¡es superior a mis fuerzas y termino yéndome! Como directora, me quedó grabada a fuego la importancia del sonido, tras rodar un cortometraje. La mala grabación me llevó al martirio de tener que arreglar, doblar y reconstruir el sonido durante meses. Curiosamente es algo que no me ocurre con la calidad de la imagen, con la que puedo ser mucho menos estricta si la historia me interesa.

Y de nuevo volvemos a la historia que, para mí, es el principio y el fin de todo. Por eso me gusta trabajar mano a mano con el montador. Es muy importante esa última y definitiva reescritura de la historia: el montaje y la mezcla final.

Como se puede ver, me gusta estar en todas las salsas del proceso.

Ahora, a través de la informática y la interactividad, el espectador puede llegar a montar y desmontar una película, elegir y modificar a su gusto elementos de una historia, de una escena o de un personaje según le plazca y llevarlo hacia donde quiera. La propuesta es un juego interesante, pero ¿qué pasa con la historia que se cuenta? Me pregunto qué elegiremos y a dónde nos conducirá, dónde queda la sorpresa de lo que el otro nos plantea, el choque de un punto de vista diferente, la conmoción, lo inesperado, lo que por nosotros mismos no somos capaces o no queremos ver.

Para mí la clave está en buscar y, en esa búsqueda, encontrar algo importante de uno mismo, eso a lo que te enfrentas y te impide crecer, soltar lastre para poder disfrutar y crear: esa búsqueda incesante que desemboca irremediablemente en la comedia y el drama. Y seguir caminando, como decía Camarón: «Enamorá de la vida, aunque a veces duela».

ANDREA JAURRIETA

Nació en Pamplona en 1986. Es Máster en Dirección Cinematográfica en la ESCAC (Escuela de Cine y Audiovisuales de Cataluña), licenciada en Comunicación Audiovisual por la Universidad Complutense de Madrid (Premio Auras final de carrera a la mejor dirección por su cortometraje *S.E.D*) y diplomada en Arte dramático por el Laboratorio William Layton. Ha escrito y dirigido varios cortometrajes y piezas de videoarte, y ha trabajado como actriz desde 2006.

Actualmente trabaja en su primer largometraje (*Ana de día)*, escrito y desarrollado gracias a las becas de la Real Academia de España en Roma y del Ayuntamiento de Madrid en la histórica Residencia de Estudiantes, donde vive.

Filmografía (ficción): *Ana de día* (largometraje en proceso)*; Los años dirán* (cortometraje. 2013)*; A pleno sol* (cortometraje. 2011)*; Todos acabaremos solos* (cortometraje. 2010)*; S.E.D.* (cortometraje. 2009)*; Entresuelo* (cortometraje. 2008).

Páginas web:

Trabajo audiovisual www.andreajaurrieta.blogspot.com

Fotografías y textos www.fotolog.com/ninaolvido

La mayor motivación para comenzar en el cine fue el poder que me ofrecía de aunar (y controlar) en un solo arte todas aquellas disciplinas artísticas que ya desarrollaba por separado: la escritura, la fotografía, la actuación, la música...: era la culminación máxima de mi expresión personal.

Aprendí viendo cine, haciendo teatro y grabando historias con muy pocos medios, mucho empeño y muy buenos amigos.

Los objetivos que persigo como directora son ante todo lograr contar historias de una manera personal, pero que interesen a la gente. Siempre trato de hacer reflexionar al espectador, no darle todo masticado. Estos son los proyectos que más me interesan. Como ejemplo, podría hacer una distinción entre el cine más comercial «hollywoodiense», preparado para satisfacer (y no por ello de menor calidad técnica ni peor) y el cine más autoral, que satisface de una manera más intelectual y es más cercano al tipo de cine que yo defiendo.

«Mis *storyboards* solo los entiendo yo»

Para mí es imprescindible tener un buen guion cerrado. Con el nuevo proyecto que estoy desarrollando (el largometraje *Ana de día*) he hecho cerca de diez versiones a lo largo de dos años (intercalándolo con otros proyectos). Normalmente comienzo con diálogos eternos donde se 'habla' (se cuenta) todo el *background* y las intenciones de cada personaje, y voy poco a poco puliendo, eliminando y cambiando estos diálogos por imágenes o acciones que cuenten lo mismo, pero de una manera más sutil y atractiva para el espectador. De nuevo: no darles todo masticado, como en las buenas obras de teatro. Una vez está todo listo, pongo mucho hincapié en el guion técnico. Ruedo con tan pocos medios y con el tiempo tan ajustado que todo tiene que ir cien por cien claro a rodaje.

La verdad es que mis *storyboards* solo los entiendo yo porque dibujo bastante mal. Pero me sirven para plantear las secuencias y hablarlas con el equipo de fotografía. También suelo hacerme todas las plantas de realización, muy esquemáticas. Todo lo que ayude al resto del equipo a traducir a imágenes lo que tengo en mi cabeza, es bienvenido.

Trabajo con una sola cámara y siempre adecuándome al espacio que tengo para rodar. Puede que en mis planteamientos tuviese una idea diferente del espacio, pero cuando mejor salen las cosas es cuando abres tu mente y dices: «Vale, esto es lo que tengo, ahora vamos a sacarle el mayor partido posible».

Suelo hacer bastantes planos por secuencia, llevo las cosas montadas en mi cabeza, pero siempre empiezo por los planos más importantes para asegurar bien lo esencial.

Con el montaje me vuelvo completamente loca. No tengo miedo de meter tijera. Me gusta, de hecho. A veces rodamos más de lo que necesitamos por miedo a quedarnos cortos o a que no se entienda. Y es en el montaje donde tienes que estar avispada para estas cosas. Para el último corto, *Los años dirán*, de 16 minutos, estuve aproximadamente un mes y medio para montarlo yo sola, con meticulosidad 'de chino'. Por fin, contacté con Marta Velsaco y encontré la horma de mi zapato. Ella resolvió todas mis dudas en tres días, me arregló el montaje con facilidad y también con un detallismo exquisito. Fue un placer descubrirla. Espero poder contar con ella en proyectos posteriores.

Como dirigir una empresa

Me gusta supervisar absolutamente todas las partes del filme, pero siempre delegando el trabajo en los profesionales de cada campo. Ellos saben más que yo de sus áreas, pero yo siempre doy mi punto de vista final. No puedo evitarlo. Dirigir una película es como dirigir una empresa. Todo tiene que funcionar, hasta el más mínimo detalle, y asumes mucha responsabilidad como directora.

Yo prefiero dirigir mis propias historias porque siempre tienes más claro lo que quieres, pero mi proyecto final de carrera —el corto *S.E.D.*— fue escrito por un amigo y no tuve ningún problema en adaptarlo a imágenes. De hecho, me dieron el premio de la Universidad Complutense de Madrid a la Mejor Dirección. Si me pasan una historia que me interesa, no tendría ningún problema en enfrentarme a ella como directora. De hecho me parece un reto muy interesante y menos responsabilidad para mí (sonrisas).

Sobre la gramática cinematográfica en mis proyectos y su necesidad para formar nuevos directores, es un punto que me crea conflicto. Creo que es necesario saber contar una historia por medio de imágenes y para ello existe una gramática que hay que saber utilizar y que puede enseñarse en las aulas. Sin embargo, no creo que sea la única manera de expresión y la única forma de contar. Me gusta experimentar en el lenguaje, en el uso de los elementos narrativos. Me gusta la sorpresa y la simplicidad. Es algo que valoro y que creo que se adquiere viendo cine de muy distintos géneros y autores. El problema es que hay muchos profesores que se centran solo en manuales de guion, en análisis muy cerrados para enseñar cine. En mi opinión, eso limita mucho tu propio lenguaje cinematográfico. Por eso creo que sí, que hay que tener una base «gramatical», pero con el objetivo de que te permita crecer en tu propio estilo narrativo.

Creo que las escuelas son necesarias para disponer de una base teórica e histórica, pero tienen que evolucionar, romper ese molde, y ayudar a que cada uno desarrolle su propio estilo. Tengo la sensación de que toda evaluación, toda enseñanza, se imparte bajo un mismo listón, delimitado por manuales teóricos, como si fueran la biblia del cine. Yo estudié Comunicación Audiovisual en la Universidad Complutense de Madrid y Arte Dramático en el Laboratorio William Layton. Y, aunque me especialicé después en Dirección con el Máster en la Escuela de Cine de Cataluña (ESCAC), creo que me ayudó más la experiencia obtenida por mis propios medios que lo aprendido en clase.

Las clases obviamente te ayudan a encauzar tus intuiciones, a aprender la gramática, la narrativa. Te enseñan teorías y nombres, pero siento que en la mayoría de los casos las escuelas en España no ponen el esfuerzo suficiente para detectar quién destaca de manera particular en este medio y auparlo. No se arriesga lo suficiente. A mí me encantaría que los profesores fueran como Nicholas Ray y apostaran al 'caballo perdedor', como hizo él con Jim Jarmusch.

La verdad que yo no he impartido clases oficialmente todavía en ninguna escuela, ¡pero me encantaría poder aplicar toda esta teoría que predico!

El truco, entenderse con los actores

Para mí, la dirección de actores es la parte más bonita, la más reconfortante de todo el proceso. Cada vez me siento más segura en este aspecto y al mismo tiempo me ha enseñado a ser más segura como actriz.

Cada actor es un mundo con un sistema totalmente diferente de enfrentarse a los personajes. Me gusta leer y analizar los textos con ellos, escuchar sus argumentos, sus aportaciones; en ese momento descubres también un poco la psicología de cada persona y cuál va a ser el lenguaje que utilizarás con ellos a la hora de encaminar su papel. Hay actores que ante una pregunta tan simple como: 'Y bien, ¿qué te parece?', te contestan algo tan complejo como: 'Creo que mi personaje en el pasado fue a terapia'. Pero también hay otros que enfocan el trabajo de una manera mucho más intuitiva y durante todo el rodaje están a lo suyo, pasando un buen rato, y cuando les toca colocarse delante de la cámara te lo hacen todo a la primera. No hay un método mejor o peor. El truco está en entenderse con ellos, en lograr que confíen en tus directrices, en tu historia, y en saber escucharlos. Disfruto, de verdad, dirigiéndolos.

Las características que busco en un actor o actriz son sobre todo veracidad, implicación y ante todo humildad. Para proponerles trabajar conmigo tengo que ver que son el perfil indicado para mi personaje y que reaccionan bien a mis notas de dirección. Me gusta buscar actores desconocidos. Hay muchos y muy buenos. También disfruto aprendiendo con los más veteranos. Es una gozada tenerlos en tu equipo porque cada día te dan una lección sin pretenderlo.

¿A quién me gustaría dirigir...? Bufff, a cualquiera que encajara en los papeles de mis películas. ¡No tengo problema! Sí sé a quién no. No soporto como actor a Nicolas Cage, pero oye, quién sabe, ¡a lo mejor de pronto un día me sorprendo a mí misma diciéndole 'acción'!

Insuflar vida

Para mí supone que todos lo elementos confluyan, que todo funcione. Hay mucho a tener en cuenta para que todo tome forma dentro de una escena. En el control de todos ellos radica el hecho de lograr 'insuflar vida' a otra realidad y ser un buen director.

Para abordar una escena con los presupuestos tan limitados que manejo, tengo que llevarlo todo muy claro porque tenemos el tiempo ajustadísimo para el rodaje. No obstante, como he dicho antes, suelo llevar una idea inicial (sobre todo en el momento del *storyboard*) que siempre se modifica al llegar a la localización definitiva (por espacio, luz u otros motivos). Creo que lo más inteligente es saber adaptarse al medio (muy darwiniano esto último). Por ejemplo, en *Los años dirán* teníamos una idea preconcebida del lugar, dado que el cortometraje partió de una práctica realizada (ya rodada) en el Máster de Dirección cinematográfica. Pero al volver a rodarla de manera profesional en Pamplona, toda la realización tuvo que ser casi improvisada en el lugar, aprovechando los nuevos tiros de cámara y las características de los nuevos actores y del nuevo lugar.

¿Esto es crear? No sé si todo está inventado. Quizá sí, pero ya lo estaba en la antigua Roma o en Grecia. Tú lee a Plauto y después lee a Molière. En el arte contemporáneo, sigo viendo a Duchamp en muchas obras. «No hay nada nuevo bajo el sol» pero sí muchas formas de hablar de las cosas. No creo que eso sea algo malo: trabajando es como se va evolucionando y encontrando una forma propia de expresión.

«Casi, casi, un objetivo masoquista»

Sobre directores y directoras que me influyan, que aporten conocimientos y ganas de experimentar, ¡hay tantos! Me dejaré muchos en esta lista. No están todos los que son, pero desde luego son todos los que están:

De antes: Maya Deren, Chris Marker, Buñuel, Truffaut, Godard, Claude Chabrol, Billy Wilder, Fellini, Antonioni, De Sica, Berlanga, Bardem, Fassbinder, Cassavetes.

De ahora: Jim Jarmusch, Haneke, Wim Wenders, Almodóvar, Agnes Vardá, Wong Kar-wai. Las primeras películas de Gonzalo Suárez y Bigas Luna eran sorprendentemente alucinantes. Videoartistas como Marina Abramovich y algunos proyectos de Pippilotti Rist. Me interesa mucho el videoarte como influencia directa en mis películas. De hecho, yo también tengo proyectos personales en este medio. De entre los más cercanos: Javier Rebollo y Jonás Trueba van a ser muy grandes.

Para concluir, quiero explicar que lo que me mueve a seguir haciendo cine es luchar por sacar adelante mis proyectos cinematográficos. Es casi, casi un objetivo masoquista. Hay muchos días en que me pregunto por qué no me dedicaré a vender fruta, a regar plantas, a sellar papeles, no sé. Pero luego, cuando avanzas, cuando logras terminar tus proyectos, cuando la gente se interesa, cuando te seleccionan en algún lugar, cuando el equipo está emocionado, luchando codo con codo a tu lado tanto como tú porque confía en el proyecto, es tan reconfortante que, a pesar de su inestabilidad, esta profesión me compensa absolutamente.

Este libro, publicado por
Ediciones Rialp, S. A.,
Alcalá, 290, 28027 Madrid,
se terminó de imprimir en
Gohegraf, S. L., Casarrubuelos (Madrid),
el día 3 de noviembre de 2014.